第二版

觀光餐旅行銷

Hospitality and Tourism Marketing

蘇芳基◎著

二版序

近年來，由於科技文明、社會經濟繁榮，人們生活水準提升，以及週休二日之實施，使得國內旅遊之風興起。再加上政府全面開放大陸人士來台觀光、海峽兩岸通航，並將發展觀光列為當前國家重大政策，在「觀光拔尖領航方案」現行觀光政策推動下，國內觀光餐旅產業乃隨之不斷快速蓬勃發展。

為提升餐旅服務品質及配合餐旅產業人力資源之需，政府乃不斷增設餐旅技職院校觀光餐旅科系，以厚植觀光人力資源，坊間觀光餐旅叢書也陸續問世。唯觀光餐旅行銷之教科用書尚不多見，大部分係以一般行銷學或外文譯本為藍本，因此內容較偏學術理論之探討，至於觀光餐旅行銷實務、顧客價值與體驗等心理方面之論述，則較少著墨。

鑑於觀光餐旅行銷是一種以滿足顧客需求為導向的行銷理念，除了須具備行銷基本專業知能外，最重要的是要能瞭解市場消費者之需求與風險知覺，再依餐旅產業之能力來適時提供顧客所需之產品服務，以滿足其需求。此理念乃本書修訂編輯之主要架構，也是本書論述之重點。

本書再版新增「餐旅顧客價值」與「餐旅顧客體驗」兩章，全書共計十章三十四節，先介紹觀光餐旅行銷的基本概念，然後探討餐旅消費者之心理與行為、顧客價值與體驗、市場區隔產品定位、餐旅行銷組合策略之運用，最後再以觀光餐旅行銷未來展望及努力方向作為本書之結尾。為使讀者能瞭解餐旅行銷實務及便於精熟學習，本書每章均附有專論、餐旅小百科、單元

學習目標以及學習評量，全書並輔以相關圖表或彩色圖片，期以增進學習之效。

本書得以順利付梓，首先要感謝揚智文化事業葉總經理忠賢先生的熱心支持，總編輯閻富萍小姐之辛勞付出，以及公司工作夥伴之協助，特此申謝。本書雖經嚴謹校正，唯觀光餐旅行銷涉及領域極廣，若有疏漏欠妥之處，尚祈觀光賢達不吝賜教指正，俾供日後再版修訂之參考。

蘇芳基 謹識

2014年11月

目 錄

Chapter
4

Chapter
5

Chapter
6

Chapter
7

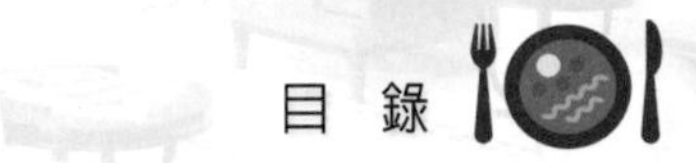

Chapter
8

Chapter
9

Chapter
10

Chapter 1

觀光餐旅行銷的基本概念

單元學習目標

- ◆瞭解行銷的正確理念
- ◆能正確分別行銷、銷售、促銷之相互關係
- ◆瞭解餐旅行銷觀念演進之歷程及特性
- ◆瞭解餐旅行銷研究的意義及其程序步驟
- ◆瞭解觀光餐旅行銷資訊系統的基本概念
- ◆能正確運用觀光餐旅行銷資料蒐集的方法
- ◆能瞭解觀光餐旅產業的特性及其因應策略

所謂「觀光餐旅行銷」，係指觀光餐旅產業，如旅館業、餐飲業、旅行業或交通運輸業等相關餐旅產業，經由提供適切的產品服務，以滿足餐旅市場消費者需求的一種交易、互換的行爲過程。事實上，觀光餐旅行銷係將現代行銷學的原理原則，予以應用在此綜合性服務產業的一門新興社會管理科學。

第一節　行銷的意義

行銷管理大師彼得．杜拉克（Peter Drucker）說：「行銷是透過各種工具，來達成與目標市場顧客群之交換，進而滿足其慾望與需求。」易言之，行銷的核心乃系列交換的過程。茲將行銷及餐旅行銷的定義及其相關概念，分述如下：

一、行銷的定義

根據美國、英國行銷學會，針對行銷所下的定義，摘述如後：

(一)美國行銷學會所下的定義

依據1985年，美國行銷學會所下的定義：所謂「行銷」係指爲創造交易活動，以達成個人或組織的營運目標，而去計畫執行創意商品、服務觀念、價格、推廣及通路等之過程。

(二)英國行銷學會所下的定義

根據英國行銷學會所下的定義，所謂「行銷」是一種經營管理，它領導整個企業之活動，並評估及改變消費者對某商品或服務的購買力，以達公司所預定的目標或利潤。

綜上所述，我們可以對行銷有一基本概念：所謂「行銷」就是企業界透過市場調查，研究分析消費者之需求與嗜好，再針對消費者之需求，研究設計出理想新產品（**圖1-1**），以

圖1-1　以消費者需求設計的餐廳產品

餐旅小百科

餐旅業的認識

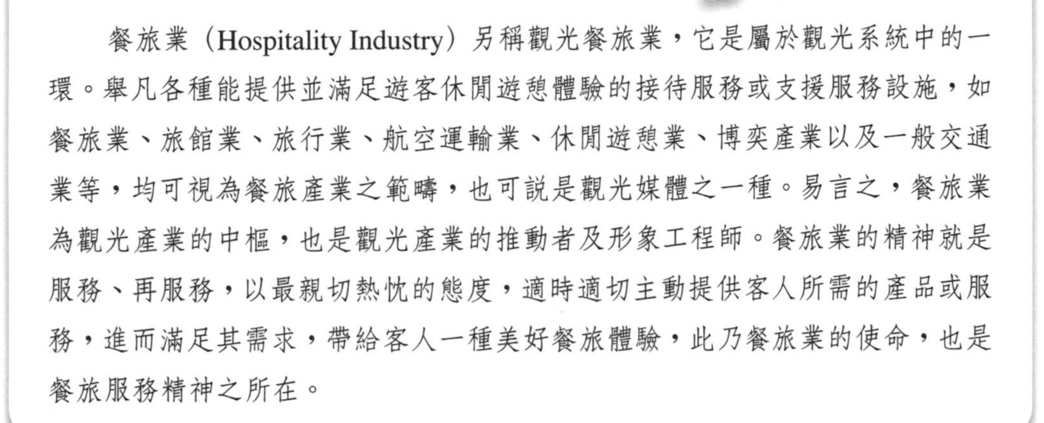

餐旅業（Hospitality Industry）另稱觀光餐旅業，它是屬於觀光系統中的一環。舉凡各種能提供並滿足遊客休閒遊憩體驗的接待服務或支援服務設施，如餐旅業、旅館業、旅行業、航空運輸業、休閒遊憩業、博奕產業以及一般交通業等，均可視為餐旅產業之範疇，也可說是觀光媒體之一種。易言之，餐旅業為觀光產業的中樞，也是觀光產業的推動者及形象工程師。餐旅業的精神就是服務、再服務，以最親切熱忱的態度，適時適切主動提供客人所需的產品或服務，進而滿足其需求，帶給客人一種美好餐旅體驗，此乃餐旅業的使命，也是餐旅服務精神之所在。

滿足消費者生理與心理之需求，同時達到公司預期目標。因此行銷係以消費者爲導向，而非以生產者爲導向，它是一種管理程序。易言之，行銷活動包括三大任務，即市場調查、商品計畫及促銷活動。

二、行銷、銷售、促銷的異同點

行銷、銷售與促銷，許多人誤以爲是同義詞，咸認爲行銷就是銷售（Selling）或者是促銷（Promotion），事實上，此三者並不盡相同。

銷售是將產品販賣給消費者；促銷係經由某特定手段或優惠，將產品售給消費者，此二者均屬於整個行銷系統中的一種工具或活動環節而已。此外，銷售或促銷的主要功能乃將產品販賣出去，但並不一定能符合顧客需求，也不見得能令顧客滿意。

至於行銷的意義，乃在於將產品售出，並使其功能能充分滿足消費者的慾望和需求，進而使產品經由顧客的口碑相傳，產品已發揮自行銷售之功，因此，口碑行銷將會使銷售成爲多餘之舉。

三、行銷的基本概念

圖1-2　旅客付費以換取旅館客房的住宿服務

行銷的理念乃源自於人類原始的「以物易物」之交換概念。爲了使雙方交易能順利達成，於是開始步入生產分工及互蒙其利的時代。例如：觀光客預付旅遊團費來換取觀光旅遊活動、住宿旅客付住宿費用換取住宿服務（**圖1-2**）等均是例。茲將行銷的基本概念，摘述如下：

(一)行銷的核心在交換

行銷的本質乃在透過各種工具來達成與目標市場顧客群之間的交換，進而滿足其慾望與需求。唯此交換需要具備下列條件：

1.需有兩個或兩個以上的人或團體，若僅有一個單位則無法形成交換。

2.交換雙方均有交換的需求、意願、能力與資格。例如：有人想利用暑假到夏威夷去渡假，假使他僅有此休閒遊樂之需求與意願，但卻無足夠的經濟能力可支付相關費用，此趟夏威夷之旅的交換也無法達成。

(二)行銷是一種有目的與方法的活動或過程

行銷的目的乃在於運用有效的方法，如將產品形象包裝，訂定合理價格，然後在市場上推廣促銷（**圖1-3**），以滿足買賣雙方的需求與目標。

圖1-3　餐飲業在美食展促銷餐飲產品

(三)行銷是一種顧客導向的活動或過程

行銷係一種強調顧客滿足的活動概念，也是一種管理導向的過程，其出發點係以滿足顧客的需求和利益爲訴求。事實上，企業的終極目標乃在於永續經營而非賺錢。

管理大師彼得・杜拉克說：「企業的目的乃在於創造，並維持滿意的顧客」，唯有顧客滿意，企業始能有利可圖，而能永續經營，否則任何努力都將徒勞無功，化爲烏有。

四、觀光餐旅行銷的基本概念

觀光餐旅行銷，以下簡稱爲餐旅行銷。茲將其定義、內涵等分述如下：

(一)餐旅行銷的定義

所謂「餐旅行銷」係指餐旅業界透過市場調查，研究分析消費者之需求與偏好，並適時調整企業組織經營銷售政策，研發餐旅新產品，期使當地消費市場的顧客群獲得最大的滿足，進而餐旅業者也能從中獲取適當的利潤，並兼顧到國家社會之福祉。

(二)餐旅行銷的內涵

餐旅行銷在內涵上係指餐旅組織或業界依據其營運目標，透過餐旅市場調查，再經由市場機會分析（SWOT）來瞭解企業本身的產品在市場之優勢（Strengths）、劣勢（Weaknesses）、機會（Opportunities）與威脅（Threats），確認企業本身之地位及區隔目標市場，據以擬訂餐旅行銷計畫（Hospitality Marketing Plan），如長期的策略性計畫與短期的戰術性計畫。

最後，再針對各目標市場特性，研擬妥適的行銷組合策略（Marketing Mix）——產品、價格、通路、促銷推廣等4P，將產品提供給消費大眾，進而滿足消費者之需求，並使企業組織獲取合理的最大利潤（**圖1-4**）。

綜上所述，吾人得知，所謂「餐旅行銷」，係指餐旅業界透過市場調查、市場機會分析，瞭解消費者之需求及本身產品在市場的定位，據以研發或調整新產品，並運用行銷策略來滿足市場消費者之需求，進而獲取合理利潤，達到企業營運目標之一種管理程序。

圖1-4　餐旅業須針對旅遊市場需求研擬行銷組合策略

(三)餐旅行銷的目的

1.確實掌握消費者之需求，如負需求、無需求、潛在需求或飽和需求，藉以創造更大餐旅產品之需求。

2.運用企業識別系統（Corporate Identity System, CIS），提高顧客心中的形象與市場地位（**圖1-5**）。

3.維持並擴大餐旅產品在餐旅市場之占有率與地位。

4.增進企業發展，提高企業營運效益，以達永續經營之終極目標。

圖1-5　黃金拱門為麥當勞市場上的形象標誌

第二節　行銷觀念的演進

行銷觀念的演進，係源於18世紀歐洲產業革命，由於當時機械發明取代傳統手工製造業，導致產品因大量生產而滯銷。因此，業者乃轉爲以銷售手段來促銷，以減少虧損。隨著時代的變遷，行銷觀念已步入轉向重視消費者的需求與兼負企業社會責任，即現今的社會行銷導向。茲將行銷觀念的發展歷程，摘介如後：

一、行銷觀念的發展歷程

(一)生產導向

所謂「生產導向」（Production Orientation），係指產業革命時代，當時企業營運方針乃在於設法大量生產以降低成本，重視生產率與生產技術，認爲只要產品品質不太差，所生產的產品即可賣得出去。

生產導向最大的缺點，乃僅站在生產者的角度及立場去規劃營運策略，而完全忽視消費者之需求、感受，以及外在經營環境之變化。例如該產品是否能滿足消費者所需？市場是否有替代性商品或競爭者？

(二)產品導向

所謂「產品導向」（Products Orientation），係指業者認爲只要提升產品品質與功能，生產最具特色的產品即能將產品順利賣到市場，而消費者也會選購該產品。

業者爲達到營運目標，乃不斷致力於產品改良與品質提升，重視產品技術能力。唯業者仍陷於站在自己的觀點，以產品作爲整個行銷活動之重心，而完全忽視市場消費者之眞正需求。因此，產品導向之業者當面臨市場強勁之競爭壓力時，將難以繼續與之抗衡，也無法倖存於社會。例如有餐飲業者誤以爲只要精緻美食即可吸引顧客前來，卻忽略餐廳用餐環境之衛生或立地位置之交通便利等顧客需求即是例。

(三)銷售導向

所謂「銷售導向」（Sales Orientation），係指業者認爲：爲了將產品順利賣給消費者，務必要致力於促銷活動，深信唯有透過大量的宣傳廣告與促銷，否則消費者將不會踴躍熱烈購買其產品。因此，業者不斷擴展銷售通路、大量聘僱及訓練銷售人員（**圖1-6**）、廣編廣告預算、重視推銷技巧，以及講究產品包裝。例如：夜市地攤銷售人員拿著擴音機聲嘶力竭、口沫橫飛的吶喊，以招攬顧客即是例。

圖1-6　台北國際旅展業者於活動現場聘請銷售人員促銷

銷售導向的業者，其最大缺失乃過於迷戀廣告促銷之技巧而忽略消費者眞正的實際內在需求。此外，業者爲求將產品販賣出去，而過於誇大產品之功能與優點，卻故意隱匿其缺點或某些設限，更遑論售後服務。

(四)行銷導向

所謂「行銷導向」（Marketing Orientation），另稱「顧客導向」，係指業者的營運概念開始正視市場消費者的購買動機與欲求，並著重於滿足顧客的需求，一切行銷活動係以滿足顧客爲前提而設計規劃，強調「客人永遠是對的」、「顧客是我們眞正的老闆」，以及Ritz旅館的經營理念：「設想在客人前面，創造顧客滿意度的住宿體驗」，此類顧客至上的服務哲學，均是此行銷導向階段之服務理念。

(五)社會行銷導向

所謂「社會行銷導向」（Social Marketing Orientation），係指業者的經營理念，認爲企業不僅要重視消費者的需求與企業本身利潤，尚須肩負起部分社會的責任。易言之，此階段企業經營務必將消費者需求、企業利潤以及社會福利等三部分做整體營運考量。

21世紀的現代企業重視節約能源、垃圾減量、資源再利用及重視綠建築標章等環保議題，以及照顧弱勢族群、參與社會慈善公益活動或認養社區公園等（**圖1-7**），均是此階段之營運理念。例如環保餐廳、環保旅館或綠色觀光等。

圖1-7　認養社區公園為企業社會行銷的作為

二、行銷觀念演進階段差異的比較

行銷觀念的演進，可分爲五個階段，茲就其主要差異說明如**表1-1**。

表1-1　行銷觀念階段的比較

階段＼項目	營運策略	營運手段	營運目的	綜合分析
生產導向	1.強調生產效率及生產技術。 2.大量生產降低成本。	講究生產技術與效率。	運用大量生產降低成本來獲取企業最大利潤。	1.適於需求大於供給，且無競爭對手的市場。 2.忽視外在環境變化及消費者真正需求之考量。
產品導向	1.強調產品品質提升。 2.重視品質研發改良。	講究產品品質及功能。	經由品質改良創新以利銷售，賺取利潤。	1.適於市場供需穩定的競爭市場。 2.忽視市場消費需求及行銷的重要性。
銷售導向	1.強調產品促銷活動與技術。 2.重視廣告包裝及推銷術。	講究廣告、促銷及銷售技巧。	透過銷售量之激增來取得企業利潤。	1.重視銷售、廣告及包裝技巧，來追求最大利潤。 2.利潤的獲得來自銷售量，而非顧客的滿意。
行銷導向	1.強調顧客需求之滿足。 2.重視顧客滿意度及整體行銷組合。	講究消費者需求動機研究及整體行銷運作。	透過顧客滿意來賺取企業利潤。	1.重視顧客需求及市場環境的變化。 2.利潤來自滿足目標市場顧客需求而獲得支持。
社會行銷導向	1.強調滿足顧客需求並肩負企業社會責任。 2.重視顧客滿意度及企業社會責任。	講究顧客價值之創造及參與社會公益活動之品牌形象營造。	透過顧客滿意、顧客價值及社會肯定來獲取企業利潤。	1.重視顧客、企業、社會及自然環境之需求及責任。 2.利潤來自品牌形象，並受肯定及支持。

第三節　觀光餐旅行銷研究

21世紀是知識經濟的時代，隨著資訊科技之發達，整個觀光餐旅市場已成為全球化的市場。為使觀光餐旅企業能在此國際舞台立於不敗之地且能永續發展，唯有經由觀光餐旅行銷研究來取得正確可靠之系列資訊，始能掌控機先，以應萬變。

一、行銷研究的定義

行銷研究之受到重視，乃始於近半世紀，唯對於其定義與內涵仍未能明確界定，茲摘介說明如下：

(一)行銷學者專家所下的定義

◆史考葉和基爾第南（Schoell & Guiltinan, 1993）

所謂「行銷研究」是辨別確認行銷狀況或問題、蒐集有關資料，以及分析其結果，再提供研究報告給行銷決策者之過程。

◆霍爾威和魯賓生（Holloway & Robinson, 1995）

所謂「行銷研究」是一種有系統、有計畫的蒐集、整理及分析資料的過程，期以幫助企業行銷管理、行銷決策及成效監測。

(二)美國行銷協會（American Marketing Association, AMA）所下的定義

所謂「行銷研究」（Marketing Research），係指經由資訊的運用來辨認及界定行銷機會與行銷問題，並利用資訊來創造、修正以及評估行銷活動與行銷績效，期以增進企業對整個行銷過程之瞭解。

二、觀光餐旅行銷研究的重要性

觀光餐旅行銷研究能提供許多行銷管理相關領域的資訊，以供企業組織行銷決策者參考，進而幫助餐旅企業在此多元化競爭之時代，能作更有效率的正確決策，

以增進企業在市場上之優勢與機會。茲將觀光餐旅行銷研究的重要性，摘述如下：

(一)協助觀光餐旅企業擬訂完善的行銷規劃

餐旅企業運用行銷研究，可以瞭解其顧客組成之特性。經由研究可瞭解現有消費者及潛在消費者對餐旅新產品、設施或服務之需求與評價（**圖1-8**），再以此研究結果進行產品及行銷之測試或修正。

此外，行銷研究的結果，可使企業瞭解其在市場上的競爭力、機會，以及可能面對的威脅，進而研訂一套妥適的因應策略與行銷規劃。

(二)協助觀光餐旅企業解決有關問題

行銷研究所得的資訊，可以讓觀光企業瞭解其組織的競爭優勢與劣勢，進而增加企業營運之信心與毅力，將可使觀光企業掌握機先，並將可能的威脅風險降到最低。

(三)提升觀光餐旅企業品牌形象及其產品可信度

餐旅企業可將行銷研究的結果，以明確客觀之數據與立論，予以運用在推廣促銷之文宣廣告中，將有助於增進餐旅市場消費者對新產品之信心，也能提升企業在市場上的品牌形象。

圖1-8　餐飲業以行銷研究結果來設計規劃產品

三、觀光餐旅行銷研究的程序

早期行銷研究大部分均靠直覺或舊經驗來判斷分析，其信度與效度較不穩定，風險也較大。現代的觀光行銷研究，對其程序與方法要求甚嚴謹，它是針對特定餐旅行銷所面臨的情況或問題，如市場占有率下滑、新產品研發或新設施服務問市等問題，經由一定的程序步驟以獲得所需之資訊，以提供觀光餐旅企業最具體可行的方案，作爲行銷規劃管理之參考。觀光餐旅行銷研究之程序，大致上可分爲下列五大步驟：

(一)確認問題與機會

餐旅行銷研究人員在進行研究之前，務必先與行銷研究有關的主管或經理，如餐飲部經理、客務部經理、行銷業務部經理等共同研商，期以確認企業在行銷營運所面臨的機會點或所遭遇的問題所在。

(二)訂定行銷研究目標

針對餐旅企業可能擁有的機會或可能面對的問題，予以訂定具體可行的研究範圍與目標，作爲行銷研究之方向及評估目標達成度的控管依據。爲了便於行銷目標績效之評估，此項研究目標務必力求數據化、具體化以及時程化（**圖1-9**）。

圖1-9　行銷研究目標須具體化

(三)研擬觀光餐旅行銷研究計畫

爲落實行銷研究以達成行銷研究之目標，必須有一套具體可行的行銷研究計畫作爲推展行銷研究之依據。一份完整的行銷研究計畫，其內容計有：

1.研究背景：例如問題探討、歷史回顧以及行銷動機。
2.研究目標：例如調查餐旅顧客對某產品之需求或滿意度。
3.研究方法：常見的方法有調查法、實驗法、觀察法以及深度訪談法等四種。
4.研究效益：係指此項研究結果，可供餐旅企業解決何種問題或找出具體改進服務品質之明確方向等效益或重要性。
5.研究進度：係指整個研究案自設計、資料蒐集、分析整理，一直到撰寫研究報告等各階段所需之作業時程或天數。
6.研究預算：係指整個研究計畫所需之人員、交通、文具、印刷等有關費用之預算經費編列。

(四)資料蒐集、整理與分析

行銷研究計畫之執行，始於資料之蒐集，然後再加以整理、剔除或篩選最新且有效的資料，並予以輸入電腦建檔儲存及進行定量或定性分析。

(五)提出行銷研究成果報告

行銷研究計畫的最後一項工作，即爲撰寫行銷研究報告，提出具體可行的建議方案呈報餐旅企業決策高層定奪。爲了使是項研究成果之相關方案能被採用並順利執行，此份報告無論在結構、內容、版面設計上，均應力求嚴謹、務實、客觀以及美觀之原則，以便於研讀。此外，尚須與決策者當面報告及溝通，以尋求決策者之認同與支持。

四、觀光餐旅行銷研究的類別

觀光餐旅行銷活動類型不一，且呈多元化的行銷組合。因此，目前觀光餐旅行銷研究的類別相當多。一般而言，可分爲下列幾種：

(一)產品發展研究（Product Development Research）

係指爲開發餐旅新產品或投資興建新型觀光餐旅設施，如時尚旅館、渡假旅館、精品旅館（**圖1-10**）或大衆化之平價旅館時，爲瞭解市場消費大衆對該新產品之接受度及產品本身效益而進行的研究案。

圖1-10　精品旅館大廳設施

(二)市場研究（Market Research）

係指爲瞭解餐旅市場內外環境之情境或變化而設計的研究案，包括市場區隔、市場定位，以及目標市場的選定等在內。

(三)定價研究（Pricing Research）

係指爲瞭解餐旅市場顧客對觀光產品貨幣價格的知覺反應，以及市場上競爭者之價格策略，而所設計的研究案。其目的乃在經由業者、消費者以及競爭者等三方面所蒐集而來的資料，予以分析整理，並據以研擬出具競爭力的定價策略。

圖1-11　通路地點或所在商圈須能吸引消費者前來

(四)通路研究（Place Research）

係指爲瞭解如何將觀光餐旅產品由餐旅業者手中移轉到消費者身上，或如何有效吸引消費者方便前來消費之相關研究案。例如餐旅產業所在商圈或地點的選擇（**圖1-11**）、規劃網路訂房或訂位、旅行業代理商及供應商之調查與篩選之研究等均屬之。

(五)促銷研究（Promotion Research）

係指爲提高觀光餐旅產品在市場之占有率、銷售量，或爲提升餐旅產業在市場上的知名度與形象等目的而規劃設計的研究案。例如餐旅業者每年情人節、母親節、聖誕節或跨年活動等主題促銷優惠活動之規劃研究。

(六)競爭研究（Competition Research）

係指爲提高觀光餐旅產品在市場上取得優勢之競爭力而設計之專案研究。其重點乃在競爭者、潛在競爭者、替代性商品、供應商以及消費者等之威脅或議價能力之分析研究。

(七)觀光客行爲研究（Tourist Behavior Research）

係指爲瞭解觀光客的購買行爲、觀光動機，以及觀光餐旅消費行爲之影響因素等相關課題的專案研究。例如交通部觀光局每年均針對來台觀光之消費行爲及其滿意度進行問卷調查，即屬於此類研究範疇。

(八)其他相關研究（Others）

其他行銷研究尚有行銷組織研究、形象研究，以及產業人力資源研究等多種。

專論

我國觀光政策行銷發展策略

為提升國際觀光旅客來台人次，建構質量並進的台灣觀光榮景，將台灣打造成亞洲重要旅遊目的地，目前政府正積極推動「觀光拔尖領航方案」，以美麗台灣、特色台灣、友善台灣、品質台灣及行銷台灣，在國際上推廣台灣觀光產業。

一、產品方面

由點、線、面來展現風景區之特色，先整備環島重要套裝遊戲，將舊景點注入新意象使其再現風華。從發展主題產品著手，鎖定熱門話題，予以包裝為具特色之富競爭力觀光產品。例如：沙龍攝影蜜月之旅、銀髮族懷舊之旅、登山健行產品、追星哈台之旅、醫療保健旅遊以及運動旅遊等。

二、通路方面

建置全方位旅遊資訊服務網，開闢台灣觀光巴士旅遊產品計六十五條，提供各大都市飯店與鄰近重要風景區之交通接駁及旅遊服務。輔導地方政府在機場、火車站等重要交通據點，設置統一識別標誌的旅遊服務中心，提供旅遊諮詢服務，並在各大都會區建置地圖導覽牌，提供中、英對照之各項旅遊資訊。此外，尚提供免費觀光諮詢熱線等服務。

為擴大產品通路，在海外建置十二個駐外辦事處來拓展客源市場，並開發中國大陸、回教國家及東南亞的印度、越南、菲律賓、泰國與印度等五國新富階層。此外，也邀請國際知名媒體，並加強網路行銷台灣。

三、推廣方面

透過代言人及新聞傳播媒體來推廣行銷台灣，積極推廣「台灣觀光年曆」、推動區域郵輪合作及爭取外資企業來台獎勵旅遊，同時主動參與國際大型旅展、會展或博覽會來擴大推廣層面，並且推出各項優惠促銷措施。例如：包機補助、外籍郵輪彎靠補助、四季好禮大相送等。

為有效行銷台灣，特別研擬國際光點計畫，依台灣北、中、南、東及離島等劃分為五個定位特色，再分別舉辦推廣促銷活動，如參加國際旅展、聘請知名藝人當台灣觀光代言人、拍攝影片或廣告等來行銷台灣。

第四節　觀光餐旅行銷資訊系統

觀光餐旅行銷策略之訂定，必須仰賴及時且正確的資訊，而非憑決策者個人的經驗或直覺判斷所能竟事。因此，觀光餐旅企業必須擁有一套完善的行銷資訊系統，始能提供行銷決策者良好的資訊，以供策略研討之參考。

一、觀光餐旅行銷資訊系統

觀光餐旅行銷資訊系統最重要的功能，乃在於能適時適切提供餐旅企業決策者所需之訊息或數據，以作爲行銷決策的參考。茲分別就觀光餐旅行銷資訊系統的定義與重要性，分述如下：

(一)觀光餐旅行銷資訊系統的定義

所謂「觀光餐旅行銷資訊系統」（Tourism Marketing Information System, TMIS），係指經由蒐集、分類、分析、評估，再及時提供決策所需之正確資訊給餐旅企業決策者之相關人員、設備與程序，統稱之觀光餐旅行銷資訊系統。易言之，觀光餐旅行銷資訊系統係由資料蒐集分類、分析評估等有關人員、設備與程序等元素所建構而成的資料庫。

(二)觀光餐旅行銷資訊系統的重要性

觀光餐旅企業爲擬定行銷目標，發展行銷策略，以解決企業所遭遇的困境或問題時，須賴完整的系列觀光餐旅基本資訊以及相關實務運作之資訊，始能作出正確的判斷，進而擬定有效的行銷策略，而不會因不瞭解某種狀況或環境變化，而陷入舉棋不定或不穩定的決策泥沼中。此外，由於擁有最新的系列餐旅資訊，也能使決策者降低錯誤決策的風險（**圖1-12**）。

圖1-12　餐旅業者須擁有最新系列餐旅資訊，始能降低決策風險

二、觀光餐旅行銷資訊的來源

觀光餐旅行銷資訊的來源，主要爲行銷研究、市場行銷情報以及企業內部記錄等三方面資訊管道。茲摘介如下：

(一)行銷研究

行銷研究所得到的資訊爲最完整且較具信度與效度的資訊來源。它能獲取所需的一手資料，即初級資料，該資料不僅可供餐旅業決策之參考依據，也是企業本身一種資產，也可作爲市場上競爭的利器。

(二)市場行銷情報

所謂「市場行銷情報」（Marketing Intelligence），主要係指企業外部現存的既有資料（Data）。例如：新聞報導、報章、雜誌、電腦網站，以及廣告商與供應商等之調查報告，均是市場情報之來源。唯此類資料尚不一定可供作爲資訊（Information）使用，須再經檢驗確認無誤始可參考。此外，這些資料均屬於二手資料，另稱之爲次級資料。

(三)企業內部記錄

所謂「企業內部記錄」（Internal Records），主要係指餐旅企業各類訂單、訂房單、銷售記錄、顧客資料等均屬之（**圖1-13**）。觀光餐旅企業可依據上述資料在電腦建檔，並可加以統計分析，以獲取更完整的所需資訊。例如：翻檯率分析、銷售尖離峰時段分析、顧客平均消費額分析等，均有助於餐旅企業之行銷規劃控管。此外，餐旅企業內部記錄中的顧客資料，許多業者不僅予以建檔作爲顧客資料庫（Customer Database），並且將顧客資料予以統計分析，進而發掘大量隱藏其中的寶貴資訊，作爲未來行銷規劃之參考。例如：顧客資料之性別、年齡、職業、嗜好、所得等之人口統計資料，均可作爲將來營運方針之參考，此類文獻資料，再加以充分利用，稱之爲「資料採礦」（Data Mining）。

圖1-13　旅館櫃檯須有完善的客房銷售記錄及旅客資料檔等內部記錄

三、觀光餐旅行銷資訊系統的內涵

觀光餐旅行銷所需的基本資訊，至少須包含下列幾項：

(一)觀光客、顧客的資訊

觀光餐旅行銷資訊系統必須擁有觀光餐旅消費者對觀光餐旅業的形象、產品服務、價格及環境設施之意見與態度之資訊。此外，尚須進一步去瞭解及蒐集觀光旅客之所以願意前往觀光旅遊或消費的動機及其需求何在（**圖1-14**），此類資訊爲最重要。

(二)觀光餐旅市場的資訊

觀光餐旅行銷資訊系統必須具備一套完善的市場資訊。例如：市場特性與規模、市場所在地、市場區隔及目標市場等相關資訊內容。此外，關於觀光餐旅產業在此市場所扮演的角色及地位，如觀光餐旅業營運現況、觀光產品在此市場之占有率概況等相關市場資訊，也涵蓋在其中。

圖1-14　歐洲花園景觀對觀光客極具吸引力

餐旅小百科

所謂「觀光客」，係指任何人訪問其非經常居住地區或他國，而其理由非想在該國從事獲得報酬之職業者。易言之，「觀光客」，即觀光活動之主體——人，人們離開其日常生活所居住的地方，前往他處從事於非報酬性之活動或觀光活動停留時間在二十四小時以上，一年以下，而仍將返抵其原居住地者，稱之為觀光客。

(三)競爭者與潛在競爭者的資訊

係指關於市場競爭者的產品服務特色、產品類型、行銷策略與組合，以及相關推廣促銷活動等資料與商業情報。

(四)觀光餐旅市場環境的資訊

觀光餐旅市場行銷環境的相關資訊，如經濟、政治、社會、科技以及自然環境等資訊。

(五)觀光餐旅資源的資訊

觀光餐旅產業所在地附近的觀光休閒遊憩設施與設備、自然人文景觀特色（**圖1-15**）、公共設施與交通運輸系統，以及當地傳統文化特色與居民生活方式等資訊內容。

四、觀光餐旅行銷資料蒐集的方法

觀光餐旅企業為得到所需之資訊，務必運用各種方法來蒐集相關的資料，再予以分類整理及分析評估後，始能取得所需資訊。觀光餐旅行銷資料可分為「初級資料」與「次級資料」兩大類。次級資料可分別自企業內部記錄以及市場行銷情報中來蒐集，至於初級一手資料則須運用調查法（Survey）、觀察法（Observation Survey）、實驗法（Experimental Research）以及深度訪談法（Indepth Interview）四種方法來蒐集資料。茲摘介如下：

(一)調查法

調查法另稱「問卷調查」或「實地調查研究法」，為觀光行銷研究蒐集原始

圖1-15　玻里尼西亞文化村具有夏威夷原住民文化特色

初級資料中最常見且普遍為人所採用的方法。調查法依其調查方式而分，計有下列四種：

◆郵寄調查（Mail Survey）

係指將問卷郵寄給自母群體抽選出來的受訪者，由其填答後再寄回，經整理分析而取得所需之資訊。其優缺點如下：

1.優點：適於較廣大的地理範圍、單位成本最低，較節省人力且方便。適用於問卷題目較簡單且題目少的情況，以及適於一些涉及個人隱私，不便當面回答之問題調查。
2.缺點：郵寄調查之問卷回收時間較長、受訪者填答意願不高。此外，由於受訪者不瞭解題意或隨意填答，因此無效問卷也不少。

◆網路調查（Internet Survey）

係指觀光餐旅業者利用網際網路寄發問卷，再由受訪者依問卷內容填報，再經電腦系統檢誤及人工整理判讀而獲取所需之資訊。其優缺點如下：

1.優點：運用網路調查無時空的限制，不僅能縮短調查作業之時程，更可化繁為簡，提供快速便利之作業服務，符合e化節省人力、時間、經費之目標。
2.缺點：受訪單位欠缺主動填卷回答之意願，尚須經由人力電話催收。此外，網路調查系統資料之檢誤尚須經由人工判讀，除非有專精人力配置，否則不易竟功。

◆電話訪問（Telephone Interview Survey）

係指由調查人員親自打電話給受訪者，再由調查人員依受訪者之回答予以登錄於問卷。在今日電話普及的社會，此方法速度最快，涵蓋地區也較廣。其優缺點如下：

1.優點：受訪區域較廣，可接觸不同背景身分的受訪者，回收時間最迅速，訪問時間具彈性，可以最快速方式獲取所需資訊。
2.缺點：由於受訪時間有限，不易深入訪談較複雜之問題。此外，部分涉及個人生活隱私及敏感性問題，受訪者較不願意據實回答或拒答。例如：薪資所得、婚姻或感情問題。

◆**人員訪問**（Personal Interview Survey）

係指由調查人員直接拜訪受訪者，以面對面方式進行訪談，由訪問者詳加筆錄，再統計分析求得所需資訊。其優缺點如下：

1.優點：能深入訪談以獲取前三項調查不易得到之資訊，如獲取大量較具深度與廣度之資訊。
2.缺點：人員訪問的單位成本最高。此外，受訪者往往會受到訪問者之訪談態度、問話語意或方式之影響而左右其思惟，因而降低此項回收資料之效度。

(二)觀察法

觀察法是社會調查法當中最基本的方法，卻也是資料蒐集最重要的方法之一。它是藉重於觀測人員或運用電子視聽設備來觀察某項行爲或互動關係之現象。例如：觀察分析各種不同類型的旅館或餐廳設施之顧客類型、平日與例假日遊樂設施之旅客人數與性別統計等，均須運用此「觀看」再客觀記錄的方法（**圖1-16**）。其優缺點如下：

圖1-16　觀察法須客觀記錄遊樂設施顧客使用情形

1.優點：此方法蒐集的資料較為精確且迅速，符合科學研究之觀點。此外，它可以瞭解許多非語言之行為，即肢體語言。
2.缺點：觀察人員須先經過專業訓練，否則難以客觀分析判斷。

(三)實驗法

實驗法係指在某控制的情境下，來研究自變數與因變數之相互影響或現象變化，再從中發掘此二者之因果關係，此類研究謂之實驗法。其優缺點如下：

1.優點：能精確獲得某變數與另一變數之間的相互關係或因果關係，其信度與效度也較可靠。例如：餐廳將其菜單價格提高（自變數），然後再觀察消費者反應或用餐人數之變化（因變數）即是例。
2.缺點：此方法須具專精的研究人員，同時能正確控制實際情境，以免因變數受到自變數以外的因素干擾。例如菜單提高售價，卻又增加許多其他額外附加價值服務（外在因子），此時所測得之結果將會失準。

(四)深度訪談法

深度訪談法與前面調查法中的人員訪問其方式雷同，均以面對面方式為之，唯人員訪問均以設計好的問卷，由訪問者依序來詢問，採一問一答方式為之，其題目較簡單，題型均以封閉式題目為主。

深度訪談可分為「個人深度訪談」與「焦點團體深度訪談」兩種，前者如電視台個人專訪節目；後者如主持人同時邀請一些名嘴，針對某特定主題來發表其意見或觀點即是例。

深度訪談通常僅準備問題的大綱，由受訪者自由發表陳述意見，而非採封閉式之題目為之。其優缺點如下：

1.優點：深度訪談能瞭解消費者之動機與需求，對於餐旅產品之研發具有一定的貢獻。
2.缺點：此方式難以複製，其樣本數較少。此外，訪談者本身若欠缺專業訓練或缺少訪談技巧，可能難以獲取深層之資料。

第五節　觀光餐旅業的特性

觀光餐旅業簡稱為餐旅業，是一種綜合性服務產業，因此除了擁有一般服務業的特性外，尚具有產業在經濟上之特質，茲將此產業的特性及其因應策略，予以詳加探討，以利行銷規劃與管理。

一、餐旅業在服務業方面的特性

餐旅業在服務業方面的特性有服務性、無歇性、無形性、異質性、季節性、易變性、敏感性及合作性等，說明如下：

(一)服務性（Service）

◆特性

餐旅業係一種勞力密集性產業，其主要產品為服務。餐旅產品之有形產品，仍需仰賴人為之無形軟體服務，始能彰顯其價值，進而滿足旅客之需求。唯餐旅產業的服務品質掌握不易，且容易因人而異。

◆因應策略

餐旅業提升餐旅人力資源專業知能與素質。並要加強餐旅人員之培訓，增強從業人員服務意識與服務價值觀。此外，尚須設法加強餐旅設施維護管理，落實標準作業程序（Standard Operation Procedure, SOP）。

(二)無歇性（Restless）

◆特性

餐旅業之服務為全天候二十四小時營業（**圖1-17**），以提供客人親切的服務。因此員工工作時間長，影響生活正常作息。

圖1-17　觀光旅館為旅客提供全天候二十四小時服務，具無歇性

◆**因應策略**

餐旅業者須落實輪班制度（Shift Work）合理排班，避免固定輪值大夜班（Graveyard Shift），期以穩定員工情緒，給予合理休假、勞保、福利及退撫金，保障基本生活。

(三)無形性（Intangibility）

◆**特性**

餐旅業與其他行業最基本的差異，乃在生產無形性產品——「顧客滿意度」，顧客買回去之商品也是一種無形的餐旅休閒體驗。此類無形產品不易量化，品質控管也不易，因此顧客風險也高。

◆**因應策略**

加強服務品質及產品包裝，建立產品品牌形象與市場知名度，使產品有形化、具體化。透過國際品質認證（ISO）強化服務證據，降低顧客風險認知（Perceived Risk）。

(四)異質性（Heterogeneity）

◆**特性**

餐旅服務品質不易規格化，且容易因人而異；即使同一人，在不同時空環境下，其服務品質也會受到其情緒之影響。此外，服務品質也會因顧客之個別差異與需求不同，而有不同的認知。

◆**因應策略**

餐旅業應加強標準作業程序之建立與執行，並且要確實加強人力資源之培育與訓練，落實情緒管理與全面品質控制（Total Quality Control, TQC）。

(五)季節性（Seasonality）

◆**特性**

餐旅業營運深受天候季節變化之影響而有淡季（Off Season）、旺季（In Season）之分（**圖1-18**）。此外，春夏秋冬觀光景點景觀互異，農牧產品也不同，因而影響旅客觀光動機與需求，其中以山區海濱之渡假性旅館影響最大。

圖1-18　澎湖觀光景點暑假為旺季

◆因應策略

淡季時加強產品促銷，或辦理各式活動，以吸引人潮。如溫泉區舉辦「溫泉美食文化」優惠專案套裝產品；旅館推出優惠專案活動，來創造商機，提高附加價值。旺季時聘用兼職人員或採工作輪調方式，以解決人力不足問題。

(六)易變性、敏感性（Sensibility）

◆特性

餐旅業本身容易受到外部環境之影響，如政治、經濟、國際情勢之影響。此外，若發生任何天災、人禍、疫情也會影響餐旅業之正常營運。

◆因應策略

餐旅業應加強市場調查、市場機會分析、資訊蒐集，以防患未然。並且要積極設法，建立品牌忠誠度，提升企業之形象，以減少外部環境變化之衝擊。

(七)合作性（Cooperation）

◆特性

餐旅業係結合餐飲業、旅館業、旅行業及相關行業而成之綜合性產業，須仰賴各行業之合作始能竟功。餐旅產品係一種組合性產品，須仰賴相關行業合作，更須各部門之配合，絕非個人或某一部門即可獨立作業完成。

◆因應策略

餐旅業應加強業界間之合作，如同業結盟、異業結盟。此外，尚須加強內部之溝通協調，統一指揮，相互合作配合，以確保整個服務傳遞系統之順暢，進而建立團隊服務之意識。

二、餐旅業在經濟方面的特性

餐旅業在經濟方面的特性及其因應策略說明如下：

(一)易滅性、不可儲存性（Perishability）

◆特性

餐旅產品無法儲存，如旅館空房（**圖1-19**）、班機空餘機位，當天沒有銷售出去，也無法儲存到次日再賣。此產品特性使得產品之銷售與生產量控管不易，徒增營運風險及營運成本之增加。

◆因應策略

餐旅業須加強市場行銷，提升市場占有率。同時要特別加強服務效率與服務產能，加強離峰時段之促銷活動，落實收益管理（Yield Management），如運用不同時段，以不同價格來促銷。

(二)僵固性（Rigidity）

◆特性

餐旅產品短期供給缺乏彈性，無法臨時增產。如床位、席次、機位一旦銷售完，也難以臨時加班增加生產。

圖1-19　客房為旅館的主要產品，具有不可儲存性，當天沒有銷售完即為損失

◆因應策略

餐旅業應設法增加有限產品之附加服務項目，提高附加價值之經濟效益。並要加強市場調查、營運分析評估預測，落實營運績效管理。

(三)不可分割性（Inseparability）

◆特性

餐旅產品往往係生產與銷售同時進行，如客人餐廳點餐、用餐即是例。顧客視生產、銷售、服務爲一整體性之產品（組合產品），難以分割（**圖1-20**）。

◆因應策略

餐旅業須加強服務人員的專業知能與應變能力訓練，期以提供客人一致性水準之服務。此外，建立企業文化與正確經營理念，視員工爲公司的一種資產與產品，培養其責任感與榮譽感。

(四)競爭性（Competition）

◆特性

勞力密集性的餐旅業，所需人力多，但人力市場資源不足，挖角事件多。餐旅產品同質性高，容易抄襲模仿，使得市場上競爭更加劇烈。

◆因應策略

餐旅業應加強人力資源之培訓與素質之提升，並善待員工。此外，要進行全面品質管理（Total Quality Management, TQM）、建立品牌特色，研發創新差異化特色產品，提升市場占有率。

圖1-20　餐旅產品生產、銷售與服務難以分割

學習評量

一、解釋名詞

1. Social Marketing Orientation
2. Marketing Reserch
3. TMIS
4. Indepth Interview
5. Heterogeneity

二、問答題

1.「行銷」、「銷售」、「促銷」此三者的涵義是否相同？試申述之。
2.行銷觀念的演變，其發展歷程可分爲哪幾個階段？你能指出每階段之特性嗎？
3.何謂「餐旅行銷」？餐旅行銷之主要目的爲何？試述之。
4.何謂SWOT分析，其主要內涵及功能爲何？試摘述之。
5.觀光餐旅行銷研究之程序，可分爲幾大步驟？試列舉其要摘述之。
6.觀光餐旅行銷資訊的來源，主要的訊息管道可分別從哪幾方面來取得？
7.一套完善的觀光餐旅行銷資訊系統，其內涵至少須有哪些基本資訊？試列舉其要。
8.觀光餐旅行銷所需的初級原始資料蒐集方法有哪幾種？你認爲其中以哪一種方法爲最好，爲什麼？
9.觀光餐旅產業與一般傳統產業最大的不同點爲何？試申述之。
10.假設你是觀光旅館行銷主管，當你在研擬行銷規劃時，你將會如何面對「季節性」與「異質性」來研擬有效的因應策略呢？試申述己見。

Chapter 2

觀光餐旅消費者的心理與行為

單元學習目標

- ◆瞭解馬斯洛（Maslow）的五大動機需求之關係
- ◆瞭解滿足餐旅顧客心理需求的方法
- ◆瞭解餐旅顧客風險知覺產生的原因
- ◆瞭解顧客風險知覺的類型
- ◆能運用有效的措施來消除餐旅顧客之風險知覺意識
- ◆熟悉餐旅消費者購買行為的決策流程
- ◆瞭解餐旅消費者購買行為的影響因素

語云：「服務是餐旅業的生命」，餐旅服務品質之良窳，將會影響到整個餐旅企業營運的成敗。唯有顧客滿意的服務，餐旅企業始有生存的空間，也唯有優質的餐旅服務，始足以提升企業的聲譽與市場競爭力。因此現代餐旅服務應以顧客需求爲導向，針對顧客、消費者的需求，適時提供適切貼心的實質服務，也唯有如此，始足以確保餐旅業能永續經營。

第一節　餐旅消費者的心理

餐旅消費者由於類型不同，因而消費者之間的個別差異很大。唯其基本心理需求與動機，不外乎追求美好舒適的觀光餐旅產品之設施與服務，進而擁有溫馨的餐旅休閒體驗。本單元將先針對人類的基本需求予以剖析，再來探討餐旅顧客的心理需求。

一、人類需求的種類

人類所有的行爲係由「需求」所引起，因此要瞭解人的行爲必須先瞭解其需求。美國著名心理學家馬斯洛（Maslow, 1943）將人類的需求分爲五類，而且認爲此五類需求間是有層次階段關係。馬斯洛認爲人類於滿足低級基本需求之後，才會想到高一級的需求，如此逐級向上推移追求，直到滿足了最後一級的需求時爲止，此乃人類需求的中心特徵，在當今社會人們所從事的各類活動中，均可發現此現象。茲將馬斯洛理論所說的人類五種需求（**圖2-1**），分別由最基本的需求至最高層需求，依序介紹說明如下：

(一)生理的需求

這是人類最基本的需求，如食、衣、住、行、育、樂等均屬之。人類所有活動大部分均集中於滿足此生理上的需求，而且要求相當強烈，非獲得適當滿足不可。如果得不到適當的滿足，小則足以影響人們生活，大則足以威脅人們的生存。

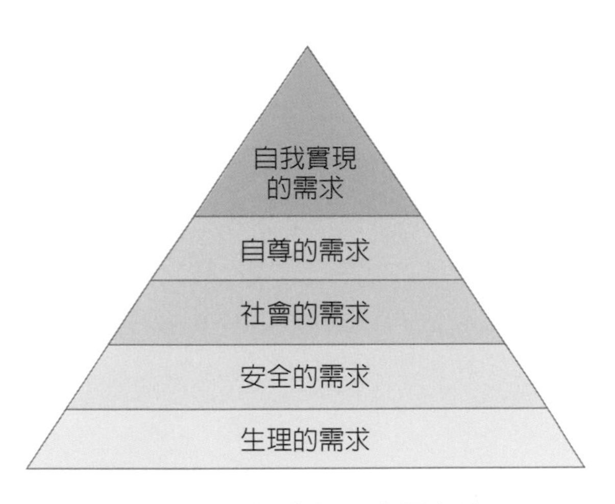

圖2-1 馬斯洛的需求層次論

(二)安全的需求

這是人類最基本的第二種需求，當人們生理的需求獲得滿足之後，所追求的就是這種安全的需求。安全需求包括生命的安全、心理上及經濟上的安全。因爲每個人均希望生活在一個有保障、有秩序、有組織、較平安且不受人干擾的社會環境中。

(三)社會的需求

所謂「社會的需求」，係指人們具有一種被人肯定、被人喜愛、被其同儕團體所接受、給人友誼及接受別人友誼的一種需求。

(四)自尊的需求

所謂「自尊的需求」，係指人人皆有自尊心，希望得到別人的尊重，因爲人們皆有追求新知、成功、完美、聲望、社經地位及權力的需求。人們自尊的需求是雙重的，當事人一方面自我感到重要，一方面也需他人的認可，且支持其這種感受，始有增強作用，否則會陷於沮喪、孤芳自賞，尤其是他人的認可特別重要，若缺乏別人的支持及認可，當事人此需求則難以實現。

(五)自我實現的需求

所謂「我自實現的需求」，係指人們前述四種需求獲得滿足之後，會繼續追求更上一層樓的自我實現、自我成就的需求，極力想發揮其潛能，想有更大作爲，創造自己能力，自我發展，以追求更高成就與社經地位。

馬斯洛的需求理論雖然提出各項需求的先後順序，但卻不一定人人都能適合，往往由於種族、文化、教育及年齡的不同，其對某層次需求強度也不一樣。另有些人可能始終維持在較低層次的需求，相對的，也有人對高層次需求維持相當長的時間。此外，這五種需求的層次並沒有截然的界限，層次與層次間有時往往相互重疊，當某需求的強度降低，則另一需求也許同時上升。馬斯洛的理論指出每個人均有需求，但其需求類別、強度卻並不完全一樣，此觀念對於餐旅服務人員相當重要。

二、餐旅顧客的心理需求

根據前述馬斯洛的需求理論，吾人得知，餐旅顧客之所以前往餐廳用餐，最主要的是爲滿足其慾望與需求。易言之，顧客是爲滿足其生理、安全、社會、自尊以及自我實現等五大需求。茲分述如下：

(一)顧客的生理需求

◆營養衛生、美味可口的精緻美食

顧客前往餐廳消費用餐的動機很多，不過最主要的是想品嘗美味可口的精緻菜餚，補充營養，恢復元氣與體力，以滿足其口腹之欲（**圖2-2**）。現代人們生活水準大爲提高，相當重視養生之道，因此對於美酒佳餚除講究色香味外，更重視其營養成分與身心健康的交互作用。

至於餐食器皿以及用餐環境的清潔衛生，更是消費者選擇餐廳之先決條件。爲迎合消費者此飲食習慣之變遷，許多餐廳業者乃積極研發各式食物療法的新式菜單，以及滿足消費者各種營養需求的菜色，如兒童餐、孕婦餐、減肥餐等等，甚至出現以營養療效爲訴求的藥膳主題餐廳。

圖2-2　美味可口的精緻美食

◆造型美觀、裝潢高雅的餐旅環境

顧客為滿足其視覺上感官的享受，對於餐廳、旅館外表造型與內部裝潢相當重視，尤其是對餐廳色彩、燈光之設計規劃，能否營造出餐廳用餐情趣十分在意。因為光線照度與色調、色系會影響一個人生理上的變化，例如暖色系列對增進人們食慾有幫助，冷色系列則效果較次之。

◆餐廳、旅館地點位置適中且停車方便

顧客前往餐廳用餐或旅館住宿，往往為了停車問題而大費周章，因此餐旅業立地條件，首先要考慮交通方便或便於停車的地點，即使都會區附近欠缺規劃良好的停車場，也應該設法提供代客泊車的服務，以解決客人便於行的基本生理需求。

(二)顧客的安全需求

◆舒適隱密、安全衛生的進餐場所及住宿設施

客人喜歡到高級餐廳用餐的原因，乃希望擁有一個不受噪音干擾，私密性高，能讓自己在溫馨氣氛下，舒適愉快安心用餐的環境，而不喜歡到人潮若市集般

專論

色彩與消費者心理之關係

色彩可分為冷色與暖色等兩大色系，也可依其本質結構分為原色、二次色以及中間色等三大類。原色係指紅、黃、藍等三色；二次色是由原色混合而成，如綠色是黃、藍等二原色混合，橙色為紅、黃原色混合而成，紫色為藍、紅原色混合；中間色為原色再與二次色混合而成，如黃橙色。

根據研究發現，色彩之亮度會影響消費者之情緒，因而造成其知覺上的不同認知與感覺。例如餐飲業之食物均喜歡以紅、黃等暖色系來呈現其菜餚成品之色調，即在經由色調來刺激顧客之食慾；速食餐廳想要提高其餐桌翻檯率，因此餐廳之色調均以強烈對比色，或明亮的原色（如黃、紅、藍），客人通常較不會滯留太久。至於旅館客房的色調則以暖色系為主，期以營造愉悅、溫馨、寧靜之住宿氣氛。

關於顏色與心理之關係，摘介其要供參考：

1.紅色：興奮、緊張和刺激。

2.橙色：愉悅、快活、精力充沛。

3.黃色：愉悅、令人振奮、鼓舞、可激發士氣。

4.綠色：平靜安和、令人神清氣爽。

5.藍色：鎮靜、憂鬱。

6.紫色：優雅、高貴、端莊。

7.棕色：心情放鬆。

8.白色：純淨、善良、無邪。

9.黑色：陰鬱、寡歡、不吉利。

圖2-3　舒適高雅的餐旅環境

嘈雜，衛生又髒亂不堪的地方用餐。因此餐旅業者應設法提供一個安全舒適、寧靜而整潔衛生的高雅餐旅環境（**圖2-3**），以滿足客人對高品質服務的心理需求。

消費者除了重視餐廳格調與裝潢布置外，更關心餐廳、旅館整體建築結構及其安全防護設施，如安全門、消防設備等安全設施是否符合法定標準。

◆顧客安全第一的意外事件防範設施

餐旅業對於可能造成客人意外發生的原因，如滑倒、跌倒、撞傷、碰傷、刮傷等意外事件，是否事先有周全的考量與安全防護措施，以善盡保護客人權益之責。例如警示標語、護欄、抗滑地板、緊急逃生出口以及餐廳、旅館平面圖等等，須使顧客感到有一種溫馨的身心安全保障。因此餐旅業各部門工作人員對於客人在餐廳、旅館的安全問題，絕對不可等閒視之。

(三)顧客的社會需求

◆氣派華麗的餐旅服務設施

現代化的高級餐廳、旅館，已不是昔日僅供宴客、進餐、住宿的場所，它已成爲人們聚會、應酬的交誼廳。人們爲了工作之需，往往會利用旅館、餐廳舉辦各種派對宴會活動，宴請親友賓客，期盼贏得別人支持、肯定、接納、認同，這是一種給予人友誼及接受別人友誼的社會需求。

現代餐旅業者應瞭解顧客這種社會需求的消費動機，並針對顧客這種需求，提供一套完善優質的餐旅產品服務與設施，以滿足顧客的需求。現代餐廳除設有大衆小吃部外，也應備有高價位的貴賓室廂房餐飲服務，至於旅館客房設施更要講究豪華、舒適之頂級享受。

◆溫馨貼切的人性化接待服務

餐旅服務是一種以親切熱忱的態度，時時爲客人立場著想，使客人感覺一種受歡迎、受重視的溫馨，宛如回到家中一般舒適、便利，此乃所謂「賓至如歸」的人性化餐旅服務。

任何客人均期盼受到歡迎、重視以及一視同仁的接待服務，不喜歡受到冷落或怠慢。當客人開車一到餐廳或旅館，餐旅服務人員應立即趨前致歡迎之意，一方面協助開車門代客泊車，另一方面由領檯或接待人員迅速上前歡迎客人，提供親切接待服務，此乃餐旅顧客所需的社會心理需求。

(四)顧客的自尊與自我實現需求

◆受尊重禮遇的優質接待服務

人人皆有自尊心，希望得到別人的禮遇與尊重，尤其是旅館或餐廳的客人，更需要受到尊重禮遇。顧客之所以選擇高級豪華餐廳、旅館，乃期盼享受到個別化優質的服務，並藉高級旅館的完善服務設施，或餐廳的豪華金器、銀器餐具擺設與精緻美酒佳餚，來彰顯其追求完美、卓越聲望，及社經地位的自尊與自我實現的需求（**圖2-4**）。

高消費層次的客人，並不在乎高價位的花費，但求享有符合其個別化需求的等值或超值的高品質服務，以炫耀彰顯其特殊的身分地位。

圖2-4　高級旅館完善的餐飲設施能滿足客人社經地位的需求

◆**個別化針對性的優質餐旅接待服務**

顧客前來旅館進住或餐廳用餐，乃期盼獲得自尊與自我的滿足，希望能得到親切、方便、周到、愉快而舒適的尊榮禮遇。

由於客人類型不同，個別差異很大，不同類型服務對象，其對服務的要求與感受也不一樣，因此餐旅服務人員必須針對顧客類型及其個別心理需求，提供適切有效的個別化服務。例如不同國籍、不同宗教信仰及不同文化背景的顧客均有自己獨特的習慣與偏好，身爲餐旅經營者務必洞察機先，及時掌握客人需求，提供個別針對性之餐旅產品組合服務，使其感覺到享有一種備受禮遇的尊榮。

綜上所述，雖然餐旅顧客的心理需求可分爲生理、安全、社會、自尊、自我實現等五種需求動機，但究其終極目的乃在追求美好的享受、舒適的服務，滿足其自尊與自我實現的餐旅休閒生活體驗。

第二節　餐旅顧客的心理風險

餐旅顧客在選購餐旅產品時，由於此類產品無法事先試用，同時買回去之商品乂是一種無形的體驗，因此顧客購買餐旅產品的風險也較大，因而徒增餐旅企業產品銷售之難度。爲加強餐旅產品之行銷，提升餐旅企業之營運收益，餐旅服務人員務必要瞭解顧客的風險知覺，進而設法來消除顧客購買餐旅產品之風險，俾使餐旅產品服務能滿足顧客之需求。茲將餐旅顧客風險形成之原因、風險之種類，予以分述如後：

一、餐旅顧客風險知覺產生之原因

顧客的個別差異大，個性也不一，因此其風險知覺形成之原因也不盡相同。不過大致上可歸納如下：

(一)餐旅產品服務品牌形象欠缺知名度

餐旅企業在餐旅市場欠缺知名度，致使顧客對其餐旅產品之品質有一種疑竇及不確定感。

(二)顧客本身缺乏經驗

顧客對餐旅產品之相關常識或經驗不足，因此在心理上產生一種風險知覺。例如顧客第一次前往法式餐廳消費，往往對於西餐餐食內容、餐具之使用、餐桌禮節之不熟悉而產生知覺上之風險。此外，有些客人對於餐旅產品之價格、收費或計價方式不明確而產生風險知覺。

(三)餐旅資訊不足

顧客所蒐集的餐旅資訊不足，或資訊本身充滿變數，或利弊難以分析辨識，因而產生風險知覺。例如同樣的旅遊產品，有些人認爲不錯，但有些人卻覺得品質欠佳，致使顧客面對此不同資訊而無所適從（**圖2-5**）。

(四)相關群體的影響

顧客的風險知覺有時會受到其周遭親友、同儕或所屬團體成員之影響。例如顧客本來想利用聖誕節前往著名法式餐廳享用聖誕大餐，但因家人認爲該餐廳口碑欠佳，因而造成其心靈深處之風險知覺。

圖2-5　餐旅業須提供旅客完整旅遊資訊，以降低旅客風險知覺

二、餐旅顧客風險知覺的種類

一般而言，餐旅顧客風險知覺概可分為功能、資金、心理、社會、安全等五種類型之風險，茲摘述如下：

(一)功能風險

所謂「功能風險」，係指顧客對餐旅產品及其相關服務品質之功能，有一種不確定感之風險。易言之，係指該餐旅產品能否滿足顧客預期的期望，因而衍生的知覺風險。例如顧客想宴請朋友前往某餐廳餐敘，但又擔心該餐廳菜餚口味未能符合其需求，以致產生之猶豫不決，即屬於此功能上之風險。

(二)資金風險

所謂「資金風險」，係指顧客所花費的錢，能否享受到等值的餐旅產品與服務。例如顧客會擔心其擬前往進住風景區之溫泉旅館，是否收費合理？是否能免費享用各項溫泉設施與服務？甚至於擔心所花費的錢是否能享受到應有的接待與服務，此類風險最為常見。

(三)心理風險

所謂「心理風險」，係指顧客在購買餐旅產品時，會擔心此項餐旅產品能否滿足其心理需求，如前往用餐或住宿，能否調劑身心、紓解壓力，或滿足自己之求知慾、好奇心，以及追求美好的自我價值提升。

(四)社會風險

所謂「社會風險」，係指顧客在購買餐旅產品時，其主要動機係考量能否彰顯其社經地位，能否符合其身分名望。例如喜慶婚宴很多人均想選擇在國際觀光旅館舉辦即是例，深恐在一般餐廳或餐會場所舉辦喜宴，會因服務品質不穩定而影響自己的身分地位（**圖2-6**）。

圖2-6　國際知名品牌的旅館形象可消除顧客社會風險知覺

(五)安全風險

所謂「安全風險」係指顧客擔心所購買的餐旅產品本身是否衛生安全。例如餐廳是否潔淨、食物是否新鮮、旅館建材是否有防震、防火之功能，甚至餐旅業所在地附近治安是否良好等等均屬之。

三、消除顧客風險的方法

消除顧客風險的方法很多，但最重要的是先針對導致顧客產生風險之原因予以降低，甚至運用各種有效措施加以消弭無形始爲上策。玆分述如下：

(一)創新品牌，提升餐旅品質與企業形象

1.餐旅業須設法研發創新優質的餐旅產品，提升服務品質，重視人性化、精緻化的個別針對式之服務，提供全方位之優質餐旅產品組合，重視產品形象包裝。

2.運用企業識別系統（Corporate Identity System, CIS），提高本身產品在顧客中心的形象與市場地位。

(二)加強餐旅市場行銷策略之運用

1.運用各種促銷推廣的工具，如產品廣告、促銷活動、置入性行銷、人員推銷等等方法，將餐旅產品相關資訊以最迅速有效的方式，傳送給目標市場之消費大眾，以強化市場消費者對餐旅產品之認同。

2.運用各種公共關係或公共報導來推介新產品，或辦理餐旅產品博覽會，藉以增強顧客對餐旅產品之認同與經驗。

(三)運用口碑行銷，互動行銷

1.加強餐旅服務品質之提升，創造顧客的滿意度，藉以培養顧客的忠誠度，以利口碑行銷。

2.加強餐旅服務人力資源之培訓，提升服務人員之專業知能，以利互動行銷。顧客滿意度高低與互動行銷之好壞成正相關。

餐旅小百科

知覺的錯覺

錯覺是人腦對客觀事物的錯誤知覺反映，此情況經常出現於吾人日常生活中。最常見的是等長的橫豎兩根線的錯覺，以及箭頭方向不同所產生的錯覺，另稱之為「繆勒錯覺」。

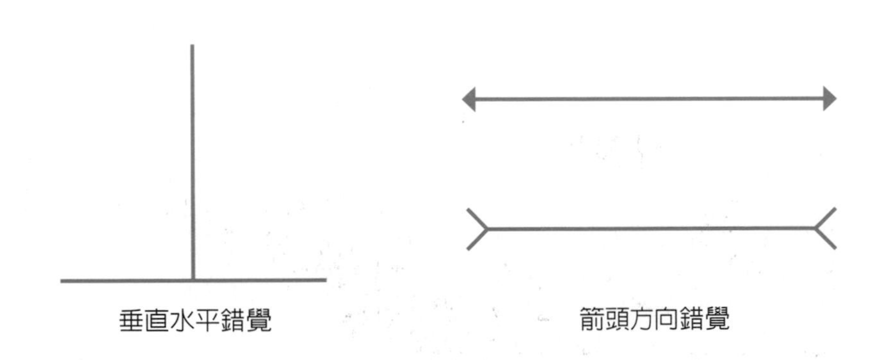

第三節　餐旅消費者的購買行爲

餐旅消費者的購買行爲係指消費者在想要購買某觀光餐旅產品時，一直到最後實際購買與使用該產品服務的整個行爲。餐旅行銷人員務必要瞭解消費者購買決策的過程，以及購買決策的類型，始能有效推展市場行銷活動。

一、餐旅消費者購買決策的類型

餐旅消費者在購買觀光餐旅產品服務時，每個人所投入的時間、精力以及思考模式等均不同，因而其購買行爲的決策型態也有差異。一般而言，餐旅消費者之購買決策，可分爲下列三種類型：

(一)廣泛的決策（Extensive Decision）

所謂「廣泛的決策」係一種最爲複雜的購買決策方式，餐旅消費者所投入的時間精力較多，考慮的時間也長。此類購買行爲決策方式，常常出現於當餐旅消費者想要購買昂費、稀少、不熟悉或不常購買的觀光餐旅產品時產生。例如：購買海外觀光遊程、生態旅遊或世界遺產文化巡禮（**圖2-7**）等餐旅產品時，餐旅消費者

圖2-7　捷克庫倫洛夫小鎮為當今世界文化遺產，此類遊程產品的費用較高，須投入時間也多，為一種高涉入的購買決策行為

均會先愼重的到處蒐集資料，再比較不同旅遊品牌之產品，然後小心翼翼的作出最後抉擇，這是一種高度涉入（High Involvement）的購買行為決策方式，也最容易受他人的態度或未預期情境因素所影響。

(二)例行的決策（Routine Decision）

所謂「例行的決策」係一種最簡單的購買決策方式。餐旅消費者在擬定決策所花費的時間、精力較少，往往不需要再費時費力去蒐集產品之資訊，即可決定購買該項產品服務。此類購買行為通常會出現在當消費者擬購買其所熟悉的、便宜的、簡單的或不很重要的觀光餐旅產品時。例如購買一杯咖啡、一瓶飲料或日常生活用品時，通常是屬於此類簡單、低涉入程度的例行性決策方式。

(三)有限度的決策

所謂「有限度的決策」，係指餐旅消費者在購買餐旅產品時，其所花費的時間、精力，正好介於上述兩類決策之間。此類購買行為之決策，係當消費者在購買餐旅產品時，對此產品並不陌生，唯一時仍難以立即作出購買的抉擇。例如：購買機票、參加國內旅遊行程（**圖2-8**）或安排宴會場所等均是例。

圖2-8　台中新社古堡花園為國內新興旅遊景點

二、餐旅消費者購買決策的過程

餐旅消費者的購買決策，通常包括五個階段，即確認需求、蒐集資料、評估可行方案、購買決策，以及購後行爲。茲摘述如下：

(一)確認需求

係指消費者在購買行爲開始前，首先會確認其需求，而此需求是由內在或外在刺激所引起。例如：飢餓、口渴時，則會想吃東西或喝飲料；路過餐廳有時會受到其美味餐食或豪華裝潢所吸引，此時即產生一種購買慾，而內心則會進一步予以確認是否需要購買。

(二)蒐集資料

消費者確認需求後，會引起購買動機及開始想蒐集相關資訊或產品資料，如產品價格、功能、優缺點等相關資料，以利自己挑選較適合的產品。其資訊來源有多方面管道，如親友、商業廣告、媒體報導、網路或本身之經驗。

(三)評估可行方案

消費者會根據其所蒐集的資訊，針對每一項可行方案的利弊得失，予以評估比較，以便作出最後的購買決策。例如：消費者在選擇旅館進住時，可能會考慮其地點是否便利、環境設施是否完善、服務是否親切、價格是否合理以及品牌形象等，再評估是否符合並能滿足本身需求。

(四)購買決策

係指消費者經過資料蒐集與方案評估後，其心中所產生的購買意願而言。一般而言，消費者對於不同的方案均會有不同程度的購買意願或購買決策。例如：消費者在購買便宜、熟悉或較不重要的產品時，如飲料、零食及日常用品時，通常不會花太多時間或經過上述評估方式來作購買決策，往往是靠經驗或直覺來購買。例如：途經美食展現場氣氛熱鬧而作了衝動性購買決策（**圖2-9**）。

消費者之購買決策，除了購買者本身意願外，尙容易受到他人的態度及「參

圖2-9 消費者購買餐飲產品的決策往往是靠經驗或直覺，屬於衝動性購買決策

考團體」，如偶像明星等的影響。因此觀光局爲了吸引日、韓及東南亞粉絲，特別邀請偶像團體或明星代言，其目的乃在運用偶像明星之光環，來影響消費者的購買決策。

(五)購後行爲

係指消費者購買或使用一項產品之後，其滿意或不滿意將會影響消費者後續的行爲，謂之購後行爲（Post Purchase Behavior）。

如果消費者對於產品的實際性能或表現大於其原先的期望時，其滿意度愈高，則其對產品再購買的機會也較高，也較願意向他人介紹或推薦該產品；反之，若實際體驗認知小於預期水準時，將會產生不滿。若消費者不滿意，則可能會抱怨及要求退貨或賠償。除了私下停止再購買該產品外，甚至會警告其他人勿購買該產品。因此，餐旅行銷人員須以創造消費者滿意度爲己任，隨時注意餐旅消費者之購後行爲，瞭解其感受並加強後續之售後服務。如設置免費服務專線、顧客意見箱或意見調查表等，來提供顧客意見反應或申訴管道，以堅守商品信賴保證之承諾，並安撫顧客不滿之情緒。

第四節　餐旅消費者購買行爲的影響因素

餐旅消費者的購買行爲係一種系列決策的過程，自覺察需求及確認需求開始，一直到購買餐旅產品後之行爲反應均屬之。在此冗長的歷程中，有許多不確定的內外在因素會刺激或影響消費者對該購買行爲之認知。身爲餐旅行銷之規劃人員，必須深入加以探討其個中原委，以利拓展行銷。茲將影響餐旅消費者購買行爲的因素，分述如後：

一、文化因素

文化是一個社會或組織成員所共有的生活方式、規範、儀式儀典、價值觀或道德觀所形成的社會或組織特性。

一個人的文化特質會影響其觀光餐旅消費之購買行爲。例如：歐美觀光客與本國旅客在購買餐飲產品時，其行爲即有明顯的文化差異；回教徒及歐美人士不喜歡豬肉及內臟，較偏愛牛肉、羊肉（**圖2-10**）及生鮮蔬果；東方人則偏愛豬肉而不喜歡牛肉產品。

圖2-10　歐美人士較偏愛紅酒及牛肉、羊肉

每一種文化均包括許多不同群體的次文化，它們均有共同的生活體驗或共同的價值觀，如族群次文化、宗教次文化以及地理次文化等。例如：客家人之於閩南人、基督徒之於佛教徒，或南部人之於北部人等，其生活價值觀均會影響觀光餐旅產品之購買與消費行爲。

二、社會因素

觀光餐旅消費者的購買行爲，也會受到家庭、參考團體和社會階層等社會因素的影響，摘述如下：

(一)家庭

家庭是觀光餐旅消費者個人所屬的最基本社會團體。一個人的生活習慣、工作態度以及價值觀深受家庭的薰陶培養而成，尤其是父母的教養方式對消費者個人的影響甚大。

此外，一個人在其生命的歷程，將會歷經各種不同的生涯階段，如自出生、結婚、生子、養兒育女、退休，一直到終老等階段，稱之爲家庭生命週期（Family Life Cycle），而此生命週期的每一個階段均會影響其觀光餐旅的購買方式或消費型態。茲列表說明如下（**表2-1**）：

表2-1　家庭生命週期的消費特徵

週期階段	觀光餐旅消費行為特徵
單身階段	此階段之消費者少有財務、經濟負擔，因此較喜歡追求流行、娛樂、刺激或冒險等觀光餐旅產品。例如：衝浪、游泳、爬山、自由行，或主題餐廳美食饗宴等。
新婚階段	此階段之消費者因新婚且無子女負擔，因而經濟狀況較佳，其觀光餐旅消費能力與購買力最強。
滿巢階段	此階段之消費者由於須兼顧親子教育，因而較偏愛親子、知性文化之觀光餐旅產品。例如：家庭式餐廳、兒童餐廳、民宿、渡假旅館，以及親子旅遊等相關觀光產品服務。
空巢階段	此階段之消費者由於子女已成年或不同住，因此較有閒、有錢去從事自我興趣娛樂、旅遊等休閒活動。例如：銀髮族保健醫療觀光、養生美食之旅，以及追求自我實現之觀光旅遊活動等產品服務。
鰥寡階段	此階段之消費者所需之觀光餐旅產品服務，較偏向於溫馨、安全之相關產品，如銀髮族觀光、有機養生藥膳之餐飲。

(二)參考團體與意見領袖

所謂「參考團體」（Reference Groups），係指對一個人的價值觀念、行爲態度或消費理念有直接或間接影響的群體謂之。至於「意見領袖」（Opinion Leaders），係指其意見足以對別人的購買決策造成相當大程度的影響者而言。例如：知名美食專家的觀點或評論，往往會對餐飲消費者造成相當的影響力。

(三)社會階層

所謂「社會階層」，係指在一個社會中具有共同特質的群體，而此群體有等級階層之分，每一階層的成員均具有類似的生活價值觀、態度、興趣、嗜好以及行爲模式。事實上，人類社會均存在著不同的社會階層，而此社會階層係取決於所屬成員本身的職業、教育、所得和居住地。因此社會階層之不同，對於觀光餐旅產品服務之需求也不同，因而所表現出來的購買行爲也有差異。

例如：較高社會階層的消費者，通常在教育程度與所得也較高，其購買行爲偏愛較高級、較昂貴的觀光餐旅產品或品牌；社會階層較低之消費者，則常買較便宜、實用或經濟實惠的觀光餐旅產品，如平價旅館或大衆化旅遊產品等。

(四)社會角色

每個人在此社會中，均扮演著不同的角色，而不同的社會角色，均有其一套價值觀或特定生活規範之制約，如哪些行爲是可行，哪些行爲是不可行。由於每個人在人生舞台所扮演的角色均不同，因而對觀光餐旅產品服務之購買與消費行爲也會受到影響而有差異。

三、個人因素

觀光餐旅消費者的購買行爲，其決策除了受到前述的社會與文化等外在因素影響外，也受到來自消費者本身個人因素所影響。例如：年齡、職業、經濟狀況、生活型態以及自我形象品味等個人內在因素。

(一)年齡

消費者年齡不同，其購買力與對觀光餐旅產品的需求也不同。例如：麥當勞的餐飲產品是針對兒童及青少年的需求與購買力而規劃設計的（**圖2-11**），雖然其本身購買力仍不足，但是會主動影響父母的購買決策。

圖2-11　麥當勞產品是以兒童及青少年為訴求對象

此外，觀光餐旅消費者對觀光產品類別的需要與偏好，也常隨著年齡之增長而改變。例如：由動態走向靜態、由追求刺激冒險產品轉爲偏向安全溫馨舒適之產品享受，以及由戶外多景點之旅遊走向室內定點、主題化之休閒體驗。

(二)職業

依調查研究顯示，職場工作環境文化會影響個人對某觀光餐旅產品之需求。例如：每日從事固定工作之上班族，較喜歡前往規劃完善、公共設施齊全的觀光區旅遊；具創造性及挑戰性之職業者，較偏愛原野冒險之旅。此外，具專業性與較佳職業者，其參與觀光遊憩活動量較多樣化外，其偏愛的觀光餐旅產品及其品牌，也有明顯的差異。易言之，不同職業的餐旅消費者，常有不同的購買行爲。例如基層勞工比起企業高階主管，較常光顧夜市小吃店，而較少前往觀光旅館美食餐廳消費。

(三)教育

教育程度越高者對於觀光旅遊產品之需求較多，其所追求的餐旅產品其品味也較高，如文化觀光（**圖2-12**）或生態觀光較受知識分子喜愛。

圖2-12　羅馬競技場為重要文化觀光景點

(四)經濟與生活型態

個人的經濟狀況會影響一個人對觀光產品價位之考量與抉擇。經濟狀況佳的消費者，比較有能力購買高價位的精緻餐旅產品，如進住頂級旅館、享受郵輪之旅。

生活型態是指一個人的日常生活習慣、興趣、嗜好以及生活的價值觀等綜合特徵而言。消費者的個人生活型態將會影響其本身對某觀光餐旅產品之偏好。例如：美食主義者，喜歡追求各地佳餚名菜；熱愛運動者，喜歡參與戶外遊憩之休閒活動等均是例（**圖2-13**）。

四、心理因素

所謂「心理因素」，係指餐旅消費者個人的內在心理因素，如動機與價值、感覺與知覺、學習與態度等而言。餐旅消費者之購買與消費行爲，經常受到其個人內在心理因素之影響。茲說明如下：

圖2-13　熱愛運動的人較喜歡參與戶外休閒活動

(一)動機

由於人類的需求有五種不同的動機需求層次，即生理、安全、社會、自尊以及自我實現等需求。由於消費者擁有各種不同的需求，因而產生各種不同的購買動機與行爲。

(二)知覺

知覺（Perception）係一種選擇、組織及解釋感官刺激反應的過程。例如：當我們看到許多觀光宣傳資料海報時，我們僅會眞正注意某小部分之資訊，此類知覺稱爲選擇性注意（Selective Attention）。此外，人們都有一種想將自己的心境與外來的資訊予以相調和，因而會有將資訊扭曲成符合自己想法的傾向或知覺，此現象稱之爲選擇性扭曲（Selective Distortion）。易言之，餐旅消費者有時候會有一種先入爲主的觀念，並以此觀念來解釋所看到的人、事、物等情境，並加以合理化。

觀光餐旅消費者對於其所知覺的情境反應，除了具有前述選擇性注意與選擇性扭曲兩種現象外，尚有一種選擇性記憶（Selective Retention），即指消費者僅會選擇記住那些符合其態度與信念的資訊，而忘掉其他經歷過的事。例如觀光客旅遊

圖2-14　具特色的觀光景點能增強旅客的記憶

歸來，僅能說出其較喜愛景點的特色（**圖2-14**），而忘記其他行程據點之特色即是例。

(三)學習與態度

所謂「學習」（Learning），係指個人由於經驗而改變其行爲之歷程。人類的行爲是經由學習而來，而此學習方式有二：其一爲本人實際體驗而得，如親自購買餐旅產品之體驗，另一爲經由廣告報導或他人口碑而得，如看到電視旅遊節目而得到的心得體驗。

至於「態度」，係指一個人對某些人、事、物等之評價與行爲反應。消費者本身的態度會影響其對餐旅產品的好惡與選擇。餐旅消費者之態度不僅會影響其對產品服務之先入爲主的第一印象外，有時還會有誇大、擴大其效益或負面資訊之暈輪效應現象。因此，餐旅行銷人員必須要設法去瞭解消費者對於其餐旅產品服務所持之態度與信念，儘量設法去改變他們的信念，以利爾後之餐旅行銷。

學習評量

一、解釋名詞

1. Maslow
2. Extensive Decision
3. Post Purchase Behavior
4. Family Life Cycle
5. Reference Groups

二、問答題

1.餐旅顧客之所以前來購買餐旅產品服務，你認爲其目的在滿足哪些需求？

2.如果你是餐廳的經理，請問你會採取哪些具體的措施來滿足貴餐廳顧客的生理需求呢？請申述之。

3.餐旅顧客在購買餐旅產品時，何以會產生風險知覺而猶豫不決呢？你知道什麼原因嗎？

4.一位優秀的餐旅企業主管，若想消除餐旅顧客之風險知覺，你認爲該怎麼做始爲上策？

5.餐旅消費者購買行爲之決策過程，可分爲哪些階段？試摘述其要。

6.影響餐旅消費者購買行爲的主要因素有哪幾大項？試列舉其要說明之。

7.假設你是旅行社產品部經理，你會針對下列家庭生命週期之消費者，提供何種創新之遊程產品呢？試申述己見。

(1)新婚階段

(2)空巢階段

Note...

Chapter 3

餐旅顧客價值

單元學習目標

◆瞭解顧客價值的意義及其內涵
◆瞭解顧客價值對餐旅企業營運的重要性
◆瞭解顧客價值的特性
◆瞭解創新、形塑餐旅顧客價值的營運策略
◆培養高品質服務策略的規劃管理能力
◆培養以創造顧客價值為導向的經營理念

現代餐旅企業的經營理念，已由昔日追求的服務品質、顧客滿意及顧客忠誠度，逐漸轉爲重視顧客價值（Customer Value）。誠如知名行銷學者杜拉克（Drucker, 1954）所言：「顧客購買和消費的是價值而非產品」。因此，現代餐旅企業若想在此競爭激烈的市場中脫穎而出，並建立良好品牌形象，務必提供較之其他競爭者更多的價值給顧客，始能吸引並留住顧客，讓企業能立於不敗之地。

第一節　餐旅顧客價值的意義

餐旅業永續經營之道，最重要的是須設法建立其強大的顧客基本盤，擁有一定數量的忠誠顧客持續購買外，尙能主動向他人推薦，爲餐旅業者爭取新顧客，期以確保企業得以穩定成長。唯顧客忠誠度及其基本盤的形塑，端視餐旅企業能爲消費者提供的顧客價值是什麼而定。本單元將分別針對餐旅顧客價值的定義及其特性，予以介紹如後：

一、餐旅顧客價值的定義

餐旅企業所提供給顧客的產品或服務，須能符合目標顧客的重要需求，並較之市場競爭者優異且有價值感，始能營造顧客價值。爲瞭解「顧客價值」的意涵，可分別就顧客及餐旅企業兩方面的角度來探討。

(一)就顧客知覺角度而言

◆學者伍德路夫（Woodruff, 1977）

顧客價值是指顧客對特定使用情景下，有助於或有礙於實現自己目標和目的之產品服務、屬性實效及使用結果的感知偏好與評價。

◆學者季山姆爾（Zeithaml, 1988）

季山姆爾觀察行銷市場消費大衆的市井俚語後，首先由顧客角度提出顧客知覺價值。他認爲所謂「顧客價值」，事實上是指顧客知覺價值而言（**圖3-1**）。易言之，顧客價值是指顧客所感知到的利得，與其在獲取餐旅產品或服務中所付出的成本來加以權衡後，進而在其心中孕育而生的一種對餐旅企業產品或服務效用的整體評價。

圖3-1　顧客價值是顧客對餐旅產品服務的評價

綜上所述，所謂「餐旅顧客價值」，係指顧客對於公司產品、服務及績效，在整個餐旅業界競爭地位之相對性評估。通常若就顧客角度而言，所謂「餐旅顧客價值」，事實上是包含顧客心中價值及價格價值等兩方面的意涵。顧客心中的價值，是由他們從餐旅產品或服務中所獲得的核心利益或滿足感來定義、評估其心中價值；價格價值主要源於顧客所知覺到的支出與獲得間的差距而定。當顧客覺得其獲得遠大於其支出時，顧客的價值感將會提升；反之，則會下降。

(二)就企業知覺角度而言

從餐旅企業的角度而言，所謂「顧客價值」是指顧客能爲餐旅業者帶來多大利潤、效益或貢獻等價值而言。事實上，一位忠誠顧客終其一生所帶給企業的總淨利即顧客終生價值（Customer Life Value, CLV），此爲企業利潤的主要來源。就餐旅業者而言，爲確保餐旅企業永續經營，務必設法先自問：「我們能爲顧客提供什麼價值？」，然後再藉以強化顧客關係及顧客價值。經由忠誠顧客的口碑行銷及引薦親朋好友惠顧，則如同財神爺般爲業者帶來大筆花花綠綠的鈔票，唯須留意「水能載舟，也能覆舟」。假設業者未能正視顧客的期望或需求，甚至得罪顧客，須瞭解失去顧客的可怕及所需付出的代價有多大。語云：「一傳十，十傳百」，當你得罪一位顧客時，事實上，已失去近百位可能前來的潛在顧客了。就餐旅業者而言，這也是一種另類顧客價值。

二、餐旅顧客價值的特性

餐旅顧客價值是一種顧客對餐旅企業所提供給他的產品或服務的感知偏好與評價，因此衍生出下列幾種特性，摘述如下：

1.餐旅顧客價值是顧客對餐旅產品或餐旅服務的一種感知，它是基於顧客個人的主觀判斷（**圖3-2**）。

2.餐旅顧客感知價值的核心，是顧客所感知利益與爲獲得或享用該產品服務所付出成本或代價，此兩者間之權衡，即「利得」與「利失」之間的權衡比較。

3.餐旅顧客價值是一個動態的概念，它會隨著時間變遷、評價標準及顧客期望的改變而產生變化。

4.顧客價值具有層次性，由產品屬性、產品效用，再到顧客期望的結果，以及期望的目標。

5.餐旅顧客價值是顧客的市場認知品質或利益（顧客對公司產品服務與市場其他競爭者產品服務之比較的認知），與產品服務的價格之比值，如下列公式所示：

顧客價值（Value）＝顧客市場認知品質利益（Quality）／產品服務價格（Price）

圖3-2　顧客價值為顧客個人的知覺價值主觀判斷

三、顧客價值的重要性

餐旅業是爲服務顧客而開，若無顧客，將無餐旅業可言。茲就顧客價值對餐旅業者的重要性，摘述如下：

1.餐旅企業可透過顧客價值之分析，瞭解其產品服務在顧客心目中的認知地位高低。

2.餐旅企業經由顧客價值的探索，可瞭解顧客滿意度高低，並找出適當的改進方向。例如：若發現公司產品服務品質未能符合顧客需求，則立即改善；若顧客認知價格太高，須設法嚴格控制製作成本來降低售價。

3.餐旅企業可自顧客價值所透露出的資訊來調整企業營運或行銷策略，尋求競爭優勢，期以強化市場核心競爭力。

4.餐旅企業可經由顧客價值來改善服務品質，並爲顧客創造嶄新獨特且優於市場競爭對手的產品服務效益。例如：有些餐廳除了舒適用餐區空間規劃外，尙爲顧客提供兒童遊戲區；或爲特殊目的聚餐的顧客提供另類額外加值貼心服務，如壽星免費贈送生日蛋糕或給予優惠折扣等服務。

5.物超所值的顧客價值，不僅能留住顧客、令顧客滿意，更能贏得顧客忠誠度，爲企業爭取新顧客，從而在競爭激烈的市場中能立於不敗之地（**圖3-3**）。

圖3-3　物超所值的餐旅產品不僅能留住顧客，更能贏得顧客忠誠度

專論

顧客變心的原因

顧客是善變的，唯有高忠誠度的顧客始能成為餐旅企業的基本盤，帶給企業有永續經營的機會。因為顧客如果僅感到稍微滿意或滿意，他們均有可能會變心而另尋新歡。

根據科威尼（Keaveney, 1955）調查研究消費者之所以會拋棄原服務業者而另尋他人的原因，蓋可分為下列幾項原因：

一、服務缺失

1.核心服務缺失，如餐旅產品服務有瑕疵、服務失誤或帳單結帳錯誤等。

2.服務接觸不當，如冷漠、傲慢、懶散、粗魯、缺乏主動熱忱的專注服務及禮貌。

3.對缺失的回應不當，如未能正視並積極妥善處理顧客的申訴或抱怨。

二、定價不當

1.定價太高，產品價格超出消費者的消費能力。

2.漲價或定價不合理、欠公平，並無等值的服務。

3.產品標價不實或僅以時價標示。

三、便利性不足

1.立地位置交通不便或偏遠。

2.營運時間未能符合消費者之需求。

3.等候時間太長。

4.預約不便。

四、競爭者及替代性產品

1.同質性產品競爭者出現，並提供更優惠或較好的服務。

2.替代性商品問世，瓜分部分消費者。

五、食安問題

菜餚等食品安全衛生有問題。如生鮮食材、食品添加物、假油或混充飼料油等食品安全問題。

六、其他

例如欠缺企業社會責任及企業道德、顧客搬家、工作場所異動或店家停業等。

餐旅業者為了想留住顧客，務必針對上述造成顧客變心的原因詳加防範，始為上策。但事實上，餐旅業在營運尖峰時段或人力不足時，服務缺失在所難免，但若能事先加強防範，並做好補救性服務（Service Recovery），將可減少顧客流失的風險。

第二節　餐旅顧客價值的營造與創新

餐旅顧客價值的產生，源自顧客爲取得餐旅產品或服務時，所付出的成本代價與所獲得的品質利益，二者間之差距效益評估。易言之，顧客的認知價值是由「付出」與「收穫」兩大因素所建構而成。因此，餐旅業者若想提升其顧客之認知價值，務須由減少顧客的取得成本（Acquisition Cost）並設法增加服務品質利益來研擬創新策略。茲摘述如下：

一、研擬有效減少顧客成本代價支出的措施

餐旅顧客在購買或消費享用業者所爲其提供的產品服務時，往往需要付出不少的時間、體力、精神及金錢等成本與代價。爲提升顧客的知覺價值，餐旅業者可從下列幾方面來採取有效的創新策略：

(一)運用低價策略

「俗擱大碗」的低價省錢促銷策略，均會掀起市場消費大衆的瘋狂購買熱潮。市場消費者對於餐旅產品服務的價格變動十分敏感。因此，顧客對於餐旅產品

服務的價格需求彈性很大，當產品價格高時，其需求則急速下降，反之亦然。由於顧客知覺價值深受產品價格影響，餐旅業者在產品訂價時，除了考量成本及利潤外，更應兼顧消費者的能力。若產品服務的價格不能被顧客所認同或接受時，則此「定價」將毫無意義及價值可言。此外，也可考慮兼採用集點優惠等金錢財務上誘因來強化顧客知覺價值。

(二)提供完善便捷的資訊服務

爲減少顧客在消費購買前所耗費的資訊蒐集時間與精力成本，餐旅業者除了設法提升企業品牌形象及知名度外，更可善用網際網路、廣告媒體、口碑行銷、體驗行銷或忠誠顧客的推薦。

(三)提供有效率的服務作業及通路配銷系統

餐旅業爲提升顧客滿意度，增進顧客價值感，必須爲顧客提供一套有效率、便捷的服務作業及順暢的產銷通路，期以減少或避免顧客因等候服務而浪費的時間成本。例如：麥當勞爲開車前來的顧客，提供免下車的得來速服務（**圖3-4**）、達美樂披薩店爲顧客提供貼心的宅配外送服務，以及部分觀光旅館爲旅客提供的快速

圖3-4　免下車的得來速服務

退房遷出作業服務等，均是站在顧客立場所推出的有效率、減少顧客服務等候的措施。此外，目前盛行的網路訂房、訂位及航空電子機票等，均是當今餐旅產品通路系統之運用實例。

二、研擬超越顧客期望的高品質服務策略

爲提升顧客價值，除了力求減少顧客爲取得產品服務所付出的金錢、時間及體力等成本外，餐旅業者尙須設法提高其產品服務的品質效益，期以符合或甚至超越顧客的需求及期望，唯有如此，始能創造出具特色的顧客價值。爲求提供顧客高品質的產品服務效益，餐旅業者須自下列幾方面來努力：

(一)產品服務品質須能符合顧客的需求並超越其期望

餐旅業所提供給顧客的產品服務，無論是在整個餐旅服務作業流程及個別化服務，均須以顧客需求的滿足爲出發點，提供一致性水準的貼心服務。例如：餐廳服務作業其流程爲：迎賓、引導入座、遞茶水及菜單、點餐、上菜、餐中服務、結帳及送客等步驟。餐廳無論任何時間、地點及不同的服務人員，所提供的服務均須具一致性的水準，不得因人、時、地之不同而異，期以贏得顧客的信賴與好感。

(二)餐旅服務的實體環境須有完善的整體規劃

餐旅實體環境（Physical Environment）如建築外觀、設施設備、裝潢擺飾、空間規劃、動線劃分、燈光色調及風格情調等之規劃（**圖3-5**），除了須符合政府法令規範，如消防法、食品衛生管理及觀光旅館設備標準等外，尙須能彰顯高雅氣氛及藝術美學，期以塑造高品質有形化的餐旅產品服務形象。

(三)餐旅產品服務流程須有一套標準化作業規範

餐旅產品服務流程（Service Process）須標準化、專業化及效率化，能主動、適時、適切、全套齊全、正確無誤來提供顧客所需的服務，期以滿足顧客的需求，甚至超越顧客的期望，此爲最優質的專注性餐旅服務品質。

圖3-5　餐旅實體環境須有完善的整體規劃

(四)餐旅服務人員須有良好的人格特質及專業知能

餐旅服務人員（Service Personnel）爲餐旅業第一線尖兵，其主要任務不僅肩負產品銷售與接待服務之責，更代表著餐旅企業的品牌形象。一位訓練有素的優秀服務人員，除了擁有良好的儀態、專精的知能及令人喜愛的人格特質外，最重要的是在與顧客互動的服務過程中，尤其是關鍵時刻，能適時帶給顧客無形體驗的附加價值，進而創造出優質的餐旅服務品質及顧客體驗。

(五)創造以顧客爲導向的企業文化

爲創造高品質服務，餐旅企業領導人須先以身作則來創造一個以顧客爲導向的企業文化，建立以服務顧客爲榮的價值觀，作爲公司員工的行爲規範與工作守則，期以塑造重視顧客、講究服務品質的企業文化。

學習評量

一、解釋名詞

1. Customer Value
2. Acquisition Cost
3. Physical Environment
4. Service Process
5. Service Personnel

二、問答題

1.何謂「顧客價值」？請由顧客知覺的角度來加以說明。

2.價格價值與顧客心中的價值是否一樣？爲什麼？

3.何謂「顧客終生價值」？試述之。

4.現代觀光餐旅企業對於顧客價值相當重視，你知道其主要原因嗎？

5.如果你是觀光餐旅行銷專家，你認爲時下餐旅企業該如何來提升其顧客的認知價值呢？試申述之。

6.餐旅業者若想提供顧客高品質的產品服務效益，你認爲須從哪幾方面來努力？

Chapter 4

餐旅顧客體驗

單元學習目標

- ◆瞭解顧客體驗的意義
- ◆瞭解顧客體驗的特性
- ◆瞭解顧客體驗形成的要件
- ◆瞭解創新餐旅顧客體驗的方法
- ◆瞭解餐旅服務品質評估的方法
- ◆培養以創造美好顧客體驗的營運理念

隨著時代變遷，社會經濟文化及科技的發展，人們的生活習慣、價值觀及消費方式也因而改變，由原先的最基本生理需求的滿足，逐漸希望獲得安全保障、社會及同儕認同肯定，以及一直到自尊、成就感的心理層面等各方面的滿足。現代餐旅企業爲求創造顧客滿意度及忠誠度，必須先正視顧客價值觀及需求的改變，始能提供符合顧客需求與期望，甚至超越其期望的產品服務，讓餐旅顧客在實際購買或使用產品服務時，能感受到新鮮、有趣、刺激、溫馨、感動或驚豔的強大衝擊，進而擁有一生難以忘懷的體驗，唯有如此，餐旅產業始能營造出餐旅產品的獨特性、附加價值及市場上的競爭力。

第一節　餐旅顧客體驗的意義

人之所以決定前往某觀光地區旅遊或前往購買觀光餐旅產品服務，往往受到個人內在心理，如個人偏愛、追求聲望之態度、家庭或朋友同儕關係等非理性因素，以及外在環境刺激，如觀光資源、餐旅產品服務、觀光便利或地理位置適中等理性因素之左右，至於影響程度常因人而異，唯其共同點乃在追求符合其需求或超越其期望的一種新奇、快樂、浪漫、溫馨及舒適的獨特體驗，而非僅是爲了追求餐旅業所提供的制式傳統有形產品而已。因此，現代觀光餐旅業者非常重視顧客的體驗需求。

一、顧客體驗的定義

所謂「顧客體驗」（Customer Experience），係指顧客在親自購買或參與餐旅產品服務之消費活動時，其感官、知覺、心智和行爲，將會因顧客與餐旅產品服務之間的互動而引發系列的連鎖反應，如內心的感覺或認知價值等互動情境之體驗，稱之爲顧客體驗。例如：餐旅業者在餐廳實體環境規劃、服務人員制服設計以及服務標準作業等軟硬體產品服務品質均十分講究藝術美學、氣氛營造及專注性、個別化的服務，其主要目的乃在滿足顧客的需求與期望，提供顧客一段難以忘懷的美好體驗（**圖4-1**）。

圖4-1　餐旅服務環境須講究藝術美學、氣氛營造，使顧客有美好體驗

二、顧客體驗的特性

動機（Motivation）是支配人們行爲的最重要驅力，其作用在於保護或滿足個人的需求。對於觀光餐旅顧客而言，其餐旅消費動機，蓋可分爲：生理動機、文化動機、人際動機及聲望地位動機四大類。由於觀光餐旅消費行爲的動機與需求不同，因此顧客在餐旅產品購買與消費的過程中，每個人的體驗或價值認知也不盡相同。茲將顧客體驗的特性，摘介如後：

(一)冒險性（Risk）

顧客爲追求新體驗或嘗試平常現實生活中未曾體驗過的休閒遊憩或觀光餐旅活動，期望從中獲得成就感及刺激興奮的暢快體驗。例如：征服高山、溪中泛舟、海上衝浪或潛水活動（**圖4-2**）等均是。

圖4-2　潛水活動的顧客體驗具冒險性

(二)益智性（Knowledge）

語云：「行萬里路，勝讀萬卷書」，此句話隱藏暗示人們應走出戶外，從事休閒遊憩或餐旅消費活動，以鬆弛身心、增廣見聞及滿足求知慾與好奇心。顧客爲求自我身心的成長，乃藉由休閒遊憩或餐旅休閒活動中來獲取認知體驗。

(三)補償性（Compensation）

人類行爲研究學者甘度（Kando, 1980）指出：「工作是支配生命的力量，休閒是工作之餘的補償」，即人們爲調劑身心紓解工作緊張壓力，會尋求與日常生活工作無關的活動，如餐旅休閒遊憩活動，以求身心平衡之補償。例如：觀光客前往森林遊樂區從事生態旅遊，沉浸平日現實生活無法享受到的森林浴，體驗被山林大自然擁抱之溫馨情境（**圖4-3**）。

(四)社會性（Social）

觀光餐旅活動是一種有目標導向的行爲。旅客藉由活動之參與，來認識新朋友，吸引人注目或受人賞識，期以追求社會團體的認同與肯定。例如：旅客參訪世

圖4-3　杉林溪遊樂區可讓旅客享受芬多精的森林浴

界知名文化遺產或參加頂級豪華郵輪環球之旅等，均期望經由此體驗來提升個人聲望或社經地位。

(五)異質性（Heterogeneity）

由於顧客對於觀光餐旅產品或服務的需求不同，其偏好不一，再加上顧客本身的個別差異，因此，即便參與同樣的遊程或享用同款式的產品服務，每個人的體驗認知並不盡然相同，具有某種程度的差異。

(六)互動性（Interactivity）

顧客體驗係由顧客本身親自參與，並經由與餐旅產品或餐旅服務之間的系列互動關係，所引發的一種知覺體驗、價值判斷、情緒或行爲反應。例如：顧客前往某豪華美食餐廳進餐，發現該餐廳建築宏偉、裝潢奢華，服務人員穿著整潔亮麗並能適時主動親切接待，即便尚未享用美酒珍饌，內心已感受到一股溫馨之氛圍，此即爲一種顧客體驗。

三、顧客體驗形成的要件

顧客體驗的形成是外在刺激（Stimulation）與內在需求（Need）交互作用下，在顧客內心深層的反應及主觀性價值認知。易言之，顧客體驗是否美好，端視餐旅業者所精心設計的產品服務等外在刺激的誘因，能否符合顧客內在心理需求及預期體驗而定。

(一)外在刺激的誘因

觀光餐旅產業所提供給顧客使用的完善實體環境、超值的產品服務及能提供貼心個別化服務的優秀服務人員，均是形塑顧客體驗的外在刺激及誘因。

◆餐旅實體環境（Hospitality Physical Environment）

餐旅實體環境，如旅館或餐廳的建築設計、格局規劃、室內裝潢、餐桌擺設，以及空調、音響、燈光或色調等之規劃設計，均會影響顧客的知覺價值判斷及其餐旅體驗（**圖4-4**）。例如：Hello Kitty主題餐廳以粉紅色系及Kitty貓爲主軸來設計整體服務場地環境，期以營造吸引凱蒂貓粉絲前來朝聖的氛圍及魅力。

◆**餐旅產品服務功能**（Hospitality Products Function）

餐旅產品服務功能是指餐旅業所提供給顧客使用的產品或服務，其效益須能滿足顧客的基本需求。例如：星級旅館的客房，至少須提供旅客基本服務及清潔、衛生、簡單的住宿設施，始能符合一星級旅館產品服務的功能。至於餐飲業，即須能提供安全、衛生、美味的產品服務爲前提。此外，餐旅產品服務須建立一套標準化、效率化的作業規範及傳遞系統，以確保一致性水準的產品服務品質，使顧客能享有美好的體驗。

圖4-4　餐廳燈光、色調等規劃設計會影響顧客的知覺判斷

◆**餐旅服務人員**（Hospitality Service Personnel）

餐旅服務人員爲餐旅企業的第一線尖兵（**圖4-5**），本身不僅是餐旅業的一項產品，更代表著企業的品牌形象。因此，一位優秀的餐旅服務人員，除了應具備良好的服務禮儀及人格特質外，更應具有專業的服務知能，始能扮演好職場工作的角色，將歡樂帶給客人，以贏得顧客的掌聲及滿意度，進而留給顧客美好的餐旅體驗。

圖4-5　餐旅服務人員為餐旅企業的第一線尖兵

(二)顧客內在的需求

顧客內在的體驗動機及其預期體驗的內在心理需求，均會影響顧客體驗的認知價值。若餐旅業者所提供給顧客的系列產品服務及其作業程序，均能符合顧客的期望，或甚至超越顧客原先的預期時，將會令顧客喜出望外，進而擁有美好的餐旅體驗。因此，餐旅業者爲了創造顧客價值，務必設法在餐旅實體服務環境、餐旅產品服務之品質及餐旅優質人力之培訓等方面，針對顧客體驗的需求來統籌規劃，期以塑造優質的顧客體驗。

專論

觀光餐旅體驗

旅客在參與觀光餐旅休閒活動中，由感官、知覺、心智和行為，會不斷地和周遭環境產生互動關係，進而從中得到某些感受與經驗，即所謂「觀光餐旅體驗」。

事實上，顧客觀光餐旅體驗是由下列五個階段形塑而成：

1.預期階段：期望所投入的時間、金錢及體力等成本能得到等值的回饋，並能符合其動機與需求。
2.去程階段：係指旅客前往目的地的交通運輸工具安排、交通資訊服務或專車接駁服務等之滿意度。
3.現場體驗階段：係指觀光餐旅目的地的景點、場地服務實體環境、服務傳遞系統、服務人員與顧客的互動等情境所帶給客人的感受或認知。此階段對顧客整體餐旅體驗的影響力為最重要。
4.回程階段：係指顧客在結束觀光餐旅活動後，準備離去或返家時，觀光餐旅業者是否提供適切的貼心服務，如安排送機、專車送行或服務人員親切的道別等服務內涵之認知。
5.回憶階段：顧客返家後，將會針對前四個階段的綜合感受建構出實際體驗價值，如果大於原先的期望水準，顧客將會覺得溫馨滿意，進而留下美好的餐旅體驗。

第二節　創新顧客體驗的方法

餐旅業者為形塑並提供顧客難以忘懷的體驗及深刻的永恆回憶，務須在顧客購買及消費其所提供的產品服務內涵時，無論是在實體環境的規劃設計、服務產品的品質設計或餐旅服務人員在關鍵時刻與客人的互動等各方面均能展現魅力或特色，期以創新顧客體驗。茲將顧客體驗的創新方法，摘介如下：

一、加强餐旅顧客體驗需求的研究

餐旅業者為創造顧客體驗之前，必須先瞭解顧客所希望的體驗需求到底是什麼？再根據主要目標市場顧客群的需求來研發符合其期望的產品服務。由於顧客需求動機不一，因此其所需的體驗內涵也較多元化，如休閒娛樂、藝術文化、餐飲美食饗宴或遊學等均是。一般而言，餐旅顧客的體驗需求可分為下列四大類：

(一)體驗（Experience）

餐旅顧客想獲取日常生活工作以外的經驗或逃避現實生活環境之情緒紓解、情感發洩。例如：前往海濱、山區渡假，體驗大自然寧靜之美（**圖4-6**）；前往主題樂園或賭場享受其獨特的情境設施。

(二)娛樂（Entertainment）

餐旅顧客在娛樂方面的體驗需求，包括追求生活時尚美學、享受緊張刺激的冒險經驗、享受心曠神怡、銷魂忘我的出神入化情境場景。例如：參訪台北101精品名店的時裝表演秀、澳門水舞間的精湛特技水舞表演等，均是以滿足顧客娛樂體驗需求的產品規劃（**圖4-7**）。

(三)自我表現（Exhibitionism）

餐旅顧客在餐旅產品購買及消費過程中，往往有一種表現慾的體驗需求，並藉以滿足自我的需求。例如：在遊覽途中，有部分遊客喜歡在遊覽車內高歌一曲或表演餘興節目來助興。餐旅業者可在其產品服務單元中來穿插安排可讓旅客親自動手（DIY）的活動，以增添顧客自我體驗的樂趣。

圖4-6　觀光客最嚮往的夏威夷海灘可體驗大自然之美

圖4-7　澳門水舞間的特技表演可滿足顧客娛樂體驗需求

(四)其他（Others）

餐旅顧客體驗需求很多，除了上述外，尚有追求新知、參與贏得社會認同、肯定的事物或活動之需求。例如：海外遊學、教育服務工作、參與國際性會議或展覽等自我實現之心理需求。

二、創造以顧客為導向的企業文化

企業文化是企業的經營理念、價值觀以及行事風格。餐旅企業為創造獨特的顧客體驗，首先須塑造以顧客為導向的企業文化，作為企業全體員工待人接物及處理事情的行動準則，期以孕育出重視服務品質、重視顧客滿意度及顧客體驗的企業服務文化。餐旅企業組織若欠缺此類以顧客為導向的服務文化，則難以提供顧客一致性水準的高品質服務，更遑論創新美好顧客體驗。

三、建立一套有效率的標準化服務作業流程

餐旅企業為確保產品服務品質能達一致性水準、服務作業流程順暢且具效率，必須仰賴一套標準化的作業規範來嚴加控管（**圖4-8**）。例如：餐廳外場服務作業流程，由迎賓接待、引導入座、服務茶水、遞菜單、點菜、上菜服務、餐中服務，一直到結帳送客及善後作業等，每一服務項目均須建立標準化服務指標，它清楚列出每項服務工作的重點工作目標及其標準步驟，除了可確保服務品質一致性水準外，尚可作為評估服務品質的管理工具。

四、建立餐旅服務品質考評制度

餐旅企業創造顧客體驗的方法，務須先設法確保所提供的服務品質能滿足並超越顧客的期望。因此須有一套服務品質考評制度，來有效評估及衡量服務品質的良窳，並建立獎賞制度來激勵員工追求服務品質之提升。

現代餐旅業者常採用的服務品質評估方法，計有下列幾種：

圖4-8　餐旅業須有一套標準化的服務作業流程，始能提供一致性水準的服務

(一)觀察法（Observation）

餐旅業者可利用餐旅產品服務作業進行中，來觀察分析其員工與顧客間之互動關係、顧客購買及消費過程中的反應，再從中評估其服務品質（**圖4-9**）。此方法最簡單方便，成本也最省。唯觀察者須事先接受良好專業訓練。

(二)員工回饋（Employee Feedback）

餐旅管理階層可藉由站在第一線服務的員工所蒐集的顧客對服務品質認知反應訊息來加以綜合評估。唯須注意的是，員工所回饋的評估資訊須再確認驗證，以免淪於以偏概全或過於主觀之缺失。

(三)問卷調查法（Questionnaire Research）

餐旅業者可將設計好的問卷意見表，置於客房或餐廳，也可經由服務人員親自呈給顧客來填寫。為使問卷調查法能發揮預期效益，除了問卷內容設計要講究重點、實用、簡潔外，更要提供各項誘因來鼓勵顧客填寫，如贈送小禮物、折價優惠券等。

圖4-9　餐旅業可利用員工與顧客間的互動來觀察並評估其服務品質

(四)神祕訪客法（Mystery Shopper）

餐旅業者可聘用專精的學者、專家或專業人士喬裝打扮成一般餐旅顧客，藉由系列產品服務產銷作業流程中每一環節，來暗中評估餐旅產品或服務品質的實際狀況（**圖4-10**），再彙整成書面報告轉送最高管理階層作爲品質改善的參考。此項方法較客觀、一致性，且能評估整個服務流程。在目前國內外餐旅業極受重視，廣爲業界所採用，如米其林餐廳評鑑及我國星級旅館服務品質評鑑等，均採行此方式。

(五)訪談或焦點團體（Interview / Focus Group）

係指餐旅業者直接與顧客或焦點團體來進行深度訪談，期以獲取最新、即時的顧客感受或知覺價值，藉以作爲今後餐旅服務品質改善的參考，規劃創新符合顧客期望的餐旅體驗。

餐旅企業若想創造更多的顧客知覺價值，務必要傾聽顧客的聲音，瞭解顧客的眞正需求，並立即回應及改進，展現餐旅業者對顧客意見及需求之重視，唯有如此，才能營造出令顧客難以忘懷的深刻體驗。

圖4-10　餐旅業可聘用專業人士喬裝成顧客來暗中評估服務品質

五、持續規劃研究顧客體驗創新方案

餐旅業者為創造嶄新獨特的顧客體驗，來強化顧客的知覺價值，除了重視員工教育訓練、改善餐旅服務流程及設備、建立以顧客為導向的企業服務文化外，尚須擁有一套顧客體驗創新的持續改進方案作為行動指標，以確保顧客體驗之創新及餐旅服務品質之持續改善。

例如：餐飲業可在其菜單、服務方式、設計布置或獨特性等方面，注入在地文化特色等體驗元素，使顧客在品嚐美食外，尚可進一步體驗到當地生活及文化，進而擁有難忘的美食文化知性體驗。

學習評量

一、解釋名詞

1. Customer Experience
2. Risk
3. Heterogeneity
4. Hospitality Products Function
5. Entertainment

二、問答題

1.何謂「顧客體驗」？試述之。

2.顧客體驗的特性有哪些？試列舉其要。

3.顧客體驗是如何形成？試說明其形成要件。

4.你認爲餐旅顧客之所以想購買觀光餐旅產品或服務，其究竟有何體驗需求？試述之。

5.假設你是觀光餐旅企業的主管，你將會採取何種方法或措施來創新顧客體驗？試申述之。

6.現代餐旅企業對於其服務品質的評估方法當中，以哪一種方式較廣爲業界所採用？爲什麼？

Chapter 5

觀光餐旅市場與行銷環境的認識

單元學習目標

◆瞭解觀光餐旅市場的定義
◆瞭解觀光餐旅市場的特性
◆瞭解觀光餐旅行銷環境之定義與重要性
◆瞭解我國當前觀光餐旅行銷支援機構
◆瞭解觀光餐旅行銷政治環境之影響
◆能正確說出餐旅行銷與經濟環境之相互關係
◆能列舉實例說明科技環境對觀光餐旅行銷之影響

任何餐旅行銷活動進行之前，其最重要的工作乃須先設法去瞭解此市場，並掌握此市場的行銷個體環境與行銷總體環境之發展現況以及未來的發展趨勢，始能進一步著手餐旅產品研發及推展系列行銷規劃管理工作。

第一節　觀光餐旅市場的基本概念

觀光餐旅市場（Hospitality Market）係由觀光餐旅產品服務之供需雙方所組合而成的一種集合或現象之統稱。茲將觀光餐旅市場的基本概念分述如下：

一、觀光餐旅市場的定義

觀光餐旅市場的定義，可分爲廣義與狹義兩種：

(一)廣義的定義

廣義的「觀光餐旅市場」，係指觀光餐旅產品的供應商，如旅行業、旅館業、餐飲業（**圖5-1**）、運輸業、遊憩據點業，與餐旅產品的消費者、購買者，如觀光客，在整個觀光餐旅商品之買賣交易過程中所產生的各種行爲與關係的結合。

圖5-1　餐旅業為餐旅服務產品的供應商

(二)狹義的定義

狹義的「觀光餐旅市場」，係指對觀光餐旅產品有實際需求與潛在需求的所有消費者或客源所在地或國家而言。易言之，所謂觀光餐旅市場係指所有觀光餐旅產品的消費者而言。至於觀光餐旅市場之規模大小，端視該產品消費者之人口數量、消費能力以及產品的購買慾大小而定，缺一不可。

二、觀光餐旅市場的特性

觀光餐旅市場是個極其複雜且難以掌控的市場，究其原因無他，乃因此市場具有下列特性：

(一)敏感性（Sensitivity）

觀光餐旅市場之需求除了深受經濟因素變動影響其需求量外，更容易受到政治、社會及國際局勢之影響，如SARS、禽流感疫情即是例。

(二)多樣性（Variability）

觀光餐旅市場之客源，其國籍、宗教、生活習慣以及教育文化背景均不同，再加上顧客本身個人興趣、性別、年齡均互異，使得餐旅市場具多樣性（**圖5-2**）。

圖5-2　觀光餐旅市場客源具多樣性

(三)富彈性（Elasticity）

觀光餐旅市場之消費者需求甚具彈性與替換性。一般而言，除了豪華級精緻產品外，觀光餐旅產品之需求與市場價格或經濟波動有相當密切關係。易言之，當餐旅產品價格變動的百分比，小於其所引起的需求量變動的百分比時，此現象我們稱之為需求價格彈性大，或簡稱需求價格彈性大於1，所以當市場產品價格愈高，市場需求則愈低。

(四)季節性（Seasonality）

觀光餐旅市場之消費需求受季節氣候與假期人文影響甚大，因此有淡旺季之分，使得觀光餐旅市場之供需失衡。如何調節此季節性之需求變化，實為今日觀光餐旅行銷極重要之課題（**圖5-3**）。

(五)擴展性（Expansion）

觀光餐旅市場之需求強度大小與觀光餐旅業的立地位置、交通方便性、交通工具、國民所得、休閒時間、生活習慣及身心健康有關，因此市場之需求具相當擴展性。

圖5-3　觀光餐旅市場之消費需求富季節性——陽明山花季之人潮

三、觀光餐旅行銷環境的認識

觀光餐旅行銷活動經常會受到許多內外環境之影響，其中以企業內部難以掌控的外部環境因素之影響爲最。一般而言，此類影響因素可分爲「個體環境」與「總體環境」兩類因素，茲摘述如下：

(一)個體環境（Micro-Environment）

所謂「個體環境」，爲觀光餐旅業個體環境因素之簡稱。係指凡與觀光餐旅企業行銷部門及其行銷活動有直接關係的因素均屬之。例如觀光餐旅企業內部組織與政策、廣告媒體業、觀光餐旅供應商與經銷商、消費者與競爭者等均是例。

(二)總體環境（Macro-Environment）

所謂「總體環境」，爲總體環境因素的簡稱。係指對觀光餐旅企業影響層面較大，且難以掌控的外部因素而言。例如：政治、經濟、社會、科技及競爭等因素均屬之。

四、觀光餐旅行銷環境的重要性

語云：「水能載舟，也能覆舟，運用之妙在於一念」，觀光餐旅行銷環境對於餐旅產業之營運具有相當深遠的影響力，能爲餐旅產業帶來機會與挑戰。觀光餐旅業者若能洞察機先，掌握行銷環境之脈動與變化，即能迅速及時訂定因應策略並加以執行，以取得市場競爭力之契機與優勢。例如：在海峽兩岸通航之後，尙未全面開放大陸人士來台觀光之前，即有部分旅行業者開始著手布局規劃接待大陸旅行團來台之行程安排及華語導遊人才的培訓工作。此類作法即爲能敏銳觀察行銷環境之政治因素變化，並積極事先規劃旅遊產品、厚植資源，以應未來市場之需的實例。

現今觀光餐旅產業若能隨時密切注意企業外在行銷環境之變化，並加以靈活運用於行銷規劃中，不僅能趨吉避凶，更能順勢而爲，以掌握下列優勢：

1.能即時研發創新產品服務，以滿足消費者之需求。例如：研發大陸旅行團所喜愛的遊程景點（**圖5-4**），或符合大陸人士口味的家鄉料理美食。

圖5-4　台北101為大陸人士來台的熱門遊程景點

2.能事先掌握資源或原料，不僅得以降低成本，且能維持一定品質的服務。

3.能提升觀光餐旅企業在市場上的競爭力與占有率。

4.能提升觀光餐旅企業在市場上的知名度與形象。

反之，如果觀光餐旅企業未能掌握行銷環境之變遷，或錯估大環境形勢變化，不僅會讓企業因而陷入營運之風險，有時甚至會導致企業破產或停業。由是觀之，餐旅行銷環境對於觀光餐旅產業之影響是何等深遠，其重要性自不待贅言。

第二節　觀光餐旅行銷的個體環境

觀光餐旅行銷的個體環境除了企業內部環境因素外，尚包括與企業行銷部門有直接相互關係的外部因素，如行銷支援機構、目標市場、競爭者以及社會大眾等群體。茲摘介如後：

一、觀光餐旅企業內部組織環境

觀光餐旅企業內部環境之組織文化、組織架構、組織功能，以及主管領導風格與行銷管理理念等，均會影響餐旅產品在市場上的定位。

此外，餐旅行銷活動也須仰賴觀光餐旅企業各相關部門的相互支援與密切合作，這是一種企業組織文化之展現，而非僅是行銷部門的職責（**圖5-5**）。如果企業內部缺乏共識，欠缺榮辱與共的團隊精神，則任何理想的行銷計畫也將胎死腹中或窒礙難行。

圖5-5　觀光餐旅行銷活動須仰賴相關部門密切合作

二、觀光餐旅行銷支援機構

所謂「觀光餐旅行銷支援機構」，係指任何提供觀光核心產品、周邊服務產品原料或支援性服務之相關產業與組織機構而言。例如：觀光產品原料供應商、觀光資訊媒體業、交通運輸業、旅遊仲介業，以及其他觀光推廣組織等均屬之。茲列舉其要摘述如下：

圖5-6　清境農場為國內旅行業旅遊產品重要景點

(一)觀光產品或原料供應商

1. 就餐飲業而言：如食品加工業、生鮮肉品業、水產養殖業、生鮮蔬果業，以及飲料酒類廠商等均屬之。
2. 就旅館業而言：如旅行業、訂房中心、交通運輸業、文具紙張，以及日常生活用品供應商等均屬之。
3. 就旅行業而言：如住宿業、餐飲業、交通運輸業，以及遊憩據點業（**圖5-6**）等均屬之。

(二)觀光餐旅仲介商

觀光餐旅仲介商，係指介於觀光餐旅產品製造商與消費者之間的通路或橋樑，負責將觀光餐旅產品銷售給消費者。例如：旅行業、訂房中心、旅遊服務中心以及網路訂位中心等均屬之。

(三)旅遊資訊媒體業

旅遊資訊媒體業，係專門替觀光餐旅業蒐集、分析或傳播行銷資訊。例如：廣告公司、管理顧問公司、電視購物台、網際網路或旅遊出版業等均是例。

(四)交通運輸系統業

交通運輸系統業之功能乃在於負責提供旅客在旅遊據點間之完善接駁運輸服務。例如：航空業、鐵路公路運輸業、遊覽車業（**圖5-7**）、租車業以及遊輪業等均屬之。

三、觀光餐旅目標市場

觀光餐旅目標市場爲餐旅企業行銷策略所針對的主要目標對象，也是餐旅業行銷的焦點及利潤來源。因此，當餐旅目標市場環境有所變化，將會影響到企業營運之消長與安危。

圖5-7　遊覽車為國內觀光區旅客重要交通運輸工具

四、競爭者

觀光餐旅企業在餐旅市場均會面對現有競爭者與潛在競爭者之挑戰與威脅，因此，觀光餐旅企業必須在產品服務不斷改良創新，同時須設法擴大市場占有率，否則可能會遭受生存空間之威脅。

五、社會大眾

現今民意高漲的社會，無論是個人或社會團體，均會關注、參與或干擾觀光餐旅產業之行銷活動。例如：綠色環保組織、消費者文教基金會以及其他公益團體，對於觀光餐旅業之產品服務或措施，若有任何影響社會大眾權益或公平原則者，通常均會挺身而出，並訴諸新聞媒體公評。

專論

台灣網路購物市場

根據中央社2013年11月，關於台灣網購市場之報導，台灣網路購物市場規模，今年將高達7,645億元，並預估2015年可達到1兆34億元，因而吸引許多人心動，躍躍欲試想投入爭食此龐大的商機。認為網路創業比起一般實體商店在創業門檻、準備金及風險等方面相對較低，但事實上獲利並不如想像中那般容易，且網路市場競爭也日趨激烈。依104人力銀行創業網調查，以往投入此市場創業之案例，有一半以上的人承認失敗而收攤。

依據成功的網購賣家經驗，網購創業想成功，務必「要在產品有特色、能提供客製化服務，以及打低價路線」，始能培養忠實客户，提高回購率，進而經由口碑行銷及部落格來提升品牌形象，以支持品牌之發展。易言之，如何創新設計產品，使其能成為符合網路族群所需之商品為首要課題，然後再以此「差異化產品」來建立自我獨特的品牌。目前網購市場以服飾備品為最大宗，至於觀光餐旅產品仍有相當大的市場空間可待開發。

第三節　觀光餐旅行銷的總體環境

觀光餐旅行銷環境之影響因素，除了個體環境之影響外，事實上以總體環境對觀光餐旅產業之影響爲最鉅，例如：政治、經濟、社會、科技以及教育文化等環境因素均屬之。茲分述如下：

一、政治環境因素

政府的政策及其所制定的法令條例，對於觀光餐旅行銷環境將會造成相當大的衝擊，不過也會帶來許多正面的效益。

事實上政府的觀光政策，均會影響到整個觀光產業之供需及其行銷活動之變化，例如：

1. 民國68年開放國人出國觀光，我國觀光產業即開始由昔日重視來台觀光（Inbound）轉爲重視國人出國觀光（Outbound），使得旅遊業行銷活動也因而轉爲重視海外觀光之推廣促銷（**圖5-8**）。

圖5-8　羅馬許願池為熱門海外觀光景點

2.民國76年開放國人赴大陸探視，使得大陸旅遊市場因而快速成長，國人出國人數因而激增。

3.民國91年「觀光客倍增計畫」、民國97年「全面開放大陸人士來台觀光」以及民國100年6月開放大陸人士來台自由行等政策之實施，使得國內觀光餐旅產業如久旱逢甘霖，呈現一片蓬勃發展景象。

政府爲維護民衆之權益，避免旅遊糾紛之發生，於民國88年在「民法債編」特別增訂「旅遊」專節，作爲旅遊交易行爲之規範，使得當時旅行業之營運模式受到不少衝擊。此外，環保意識崛起，使得觀光餐旅產業之行銷均受到一定的約束或規範，以免因一時疏失而觸法，或有損企業的形象與商譽。

餐旅小百科

民法債編「旅遊」專節

政府為保障旅客在旅遊活動的權益，避免旅客受到不公平的旅遊接待服務，因而在民法債編增列第514條旅遊專節之條文，並於西元2000年5月正式生效實施。

此條文規定旅行業辦理旅遊活動時，務必在旅遊契約上詳載全團旅客名單、旅程、交通、導遊、保險種類及金額。

第514條之4規定：旅遊開始前，旅客得變更由第三人參加旅遊。旅遊營業人非有正當理由，不得拒絕。

第514條之7規定：旅遊服務不具備通常之價值或品質者，旅客得請求旅遊營業人改善之。旅遊營業人不為改善或不能改善時，旅客得請求減少費用。

第514條之8規定：因可歸責於旅遊營業人之事由，致旅遊未依約定之旅程進行者，旅客就其時間之浪費，得按日請求賠償相當之金額。

第514條之9規定：旅遊未完成前，旅客得隨時終止契約。但應賠償旅遊營業人因契約終止而生之損害。

此旅遊專節對旅行業者之營運，及其產品行銷等各方面所造成的衝擊相當大。

二、經濟環境因素

經濟環境因素主要來自於政府的「經濟政策」以及「經濟景氣」兩層面之影響。不同的經濟政策會造成不同的行銷競爭環境；經濟景氣的蕭條或繁榮將會影響消費市場購買力。

就經濟政策而言，自從台灣加入世界貿易組織（WTO）之後，農牧產品以及餐旅服務產業進口登陸之限制鬆綁，使得國內餐旅產業將面臨不少來自海外之競爭壓力。例如：國際知名連鎖旅館系統紛紛進入台灣，如W旅館、加賀屋溫泉旅館、文華東方酒店以及喜來登等國際品牌旅館均已正式登台營運，對於我國旅館業之行銷環境帶來不少衝擊與威脅。

就社會經濟景氣而言，當景氣繁榮或復甦時，消費者之態度較樂觀，其購買力也較強，願意購買較高價位的觀光餐旅產品（**圖5-9**），如進住豪華觀光旅館、享受高檔精緻美食。反之，如果景氣蕭條或衰退，則消費者之購買意願及其購買力也會降低。此時，消費者會較偏愛中低價位之觀光餐旅產品，同時會使觀光餐旅業之行銷規劃轉趨保守。

綜上所述，經濟環境因素之變化，對於觀光餐旅產業之營運與行銷，其影響與衝擊之大，確實不容等閒視之。

圖5-9　當景氣繁榮或復甦時，消費者較願意購買高價位餐旅產品

三、科技環境因素

現代科技文明對觀光餐旅產業之行銷經營環境影響甚鉅。此外，對人類生活方式也帶來相當大的衝擊。茲就資訊科技對觀光餐旅產業行銷之影響，摘述如下：

(一)能爲顧客提供正確、便捷、高效率的服務

例如航空公司所採用的電腦訂位系統、電子機票；旅館業的全球旅館訂房系統及營收管理系統；旅行業的電腦化作業管理系統等均是例。

(二)拓展行銷通路，縮短餐旅業者與顧客間之距離

例如觀光餐旅業均能利用網際網路行銷，並設置網站，發揮電子商務之功能。

(三)增強觀光餐旅業廣告行銷之管道與範圍

觀光餐旅業可運用電腦網路以及關鍵字行銷，來擴大廣告行銷之對象與範圍。

(四)能迅速掌握觀光餐旅市場之資訊

觀光餐旅業者能經由電腦網路瞭解消費者的需求與意見。此外，由於巨量數據時代來臨，餐旅業者可進入電子資料庫蒐集所需觀光餐旅資料，如運用巨量資料（Big Data），以供行銷規劃之參考。

四、社會文化環境因素

所謂「社會文化」，係指一個地區人們的生活方式、風俗習慣、行爲特徵，以及生活的價值觀而言。此價值觀將會影響一個人或家庭的生活習慣與購買行爲。例如：自然健康之養生觀，激起了有機健康食品業之成長；走出戶外迎接陽光之休閒渡假理念（**圖5-10**）爲觀光旅遊業創造無限活力與就業機會；綠色標章，疼惜地球之環保價值觀，使得消費者購買行爲轉向節能減碳、重視水資源之綠建築標章的環保旅館（Eco-hotel），以及避免過度包裝、拒絕免洗餐具的環保餐廳。

圖5-10　社會文化環境會影響當地人們休閒渡假方式

由於社會文化環境之改變，目前觀光餐旅行銷也因而轉向環境保育與綠色行銷，如重視食物哩程（Food Miles）、講究健康素食以及生態觀光等均是例。此外，由於社會人口結構逐漸步入高齡化社會，面對此社會人口結構之環境改變，銀髮族觀光旅遊市場也逐漸受到觀光餐旅產業之重視。例如：觀光旅遊業最新推出的銀髮族醫療觀光、女性市場的美容微整型觀光等遊程產品均屬之。

五、社會教育環境因素

社會人口的教育水準不斷提高，其工作機會及可支配的所得也會因而增加。因此，對於觀光餐旅之需求也大爲提升。此外，教育程度愈高者，對於高品質的餐旅產品之需求也愈高，同時對於本身權益的維護，以及對餐旅企業所應肩負的企業社會責任之要求也較爲嚴謹。

觀光餐旅業者對於此類高等教育之知識分子，務必設法研發創新較具知性之餐旅產品，始能滿足其需求。例如：旅行業須研發深度定點旅遊或文化主題之旅，以取代昔日走馬看花之趕集似的傳統遊程規劃（**圖5-11**）。

圖5-11　文化主題之旅為現代時尚產品

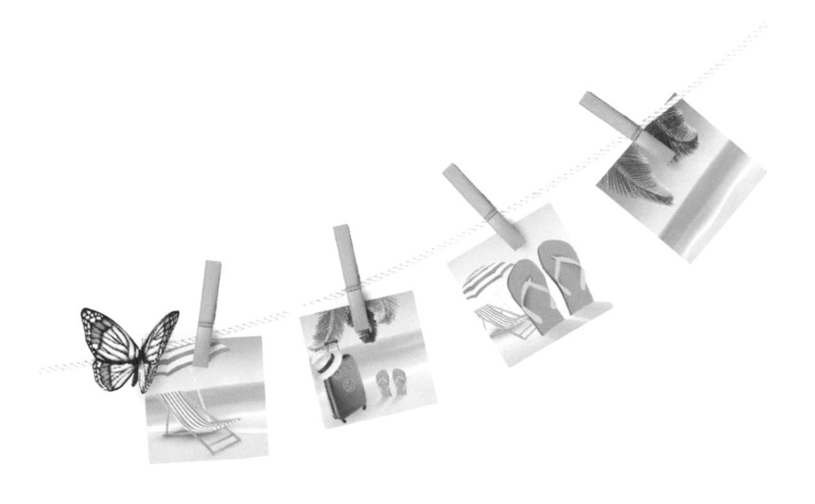

學習評量

一、解釋名詞

1. Hospitality Market
2. Elasticity
3. Macro-Environmemt
4. Inbound
5. Eco-hotel

二、問答題

1.觀光餐旅市場為何難以完全掌控，你知道其原因嗎？試申述之。
2.觀光餐旅行銷環境對於餐旅企業之行銷、活動規劃有何重要性？試述之。
3.觀光餐旅行銷支援機構很多，請列舉其要介紹之。
4.你認為政府的觀光政策或相關餐旅法令會影響整個餐旅行銷環境嗎？為什麼？
5.觀光餐旅行銷總體環境當中，你認為哪一類環境因素會影響餐旅消費者之消費習性以及生活的價值觀？為什麼？
6.現代資訊科技環境對觀光餐旅行銷有何影響？試列舉實例說明之。

Chapter 6

觀光餐旅市場的選擇

單元學習目標

- ◆瞭解餐旅市場區隔的主要目的
- ◆瞭解餐旅市場區隔的條件與變數
- ◆瞭解正確選擇餐旅目標市場的方法
- ◆瞭解餐旅產品定位的意義及方法
- ◆能正確指出市場區隔與區隔市場之差異
- ◆能培養觀光餐旅產品定位的能力
- ◆能建立正確市場區隔的行銷理念

觀光餐旅市場係由觀光產品的供應商與觀光產品的消費者，在整個觀光餐旅產品買賣交易所產生的各種行爲與關係之結合，而非僅指觀光餐旅產品的購買者或消費者之狹義市場而言。爲有效運用並發揮觀光餐旅行銷有限的人力、物力於此複雜龐大的市場，餐旅企業勢必得先做好市場區隔，據以選擇目標市場並做好產品定位之工作，始能研擬有效的行銷策略，提升企業在市場之競爭力與地位。

第一節　觀光餐旅市場區隔

觀光餐旅市場區隔（Market Segmentation）之主要目的，乃在運用一些有效的變數作爲區隔市場的基礎，以利餐旅行銷人員從中選擇有利的目標市場作爲行銷之主要對象，以供行銷策略之訂定。

一、觀光餐旅市場區隔的定義

觀光餐旅市場區隔的定義，可分爲狹義與廣義兩種，茲摘述如下：

(一)狹義的定義

狹義的「市場區隔」，係指事先設定若干變數，如地理、人口等變數，將一個廣大的餐旅市場劃分成數個特徵相同的次級市場，亦稱區隔市場，此行爲過程稱之爲市場區隔。

(二)廣義的定義

廣義的「市場區隔」，係指事先設定並運用若干變數，將一個廣大的餐旅市場劃分成數個具有某共同特質的區隔市場（次級市場），再從中挑選符合其需求的一個或數個經區隔後的次級市場作爲餐旅企業的目標市場（Target Market），並據以發展獨特的市場定位及行銷策略（**圖6-1**）。易言之，廣義的市場區隔係包括著市場區隔、目標市場選擇以及產品市場定位三項，此爲現代餐旅企業選擇目標市場的作法，即所謂的STP分析。

圖6-1　主題餐廳是以特定目標客源為市場產品定位

餐旅小百科

STP分析的意義

市場區隔（Market Segmentation）是指為達到產品行銷目標的必要過程與方法，這是一種執行的動作概念。市場區隔後即可產生許多不同規模與特性的「區隔市場」。餐旅業者再從中挑選一個或數個區隔市場（次級市場）作為目標市場（Target Market），然後再作餐旅產品市場定位（Positioning）。此市場區隔、目標市場以及市場定位等三者即所謂的STP分析。

二、餐旅市場區隔的方法

餐旅市場區隔的方法，其作法是先依據餐旅市場本身的特質及結構，來選定有效的區隔變數一個或數個，作爲市場區隔的基礎或工具，以進行市場區隔工作。此外，所區隔出來的次級市場即所謂的「區隔市場」，必須符合下列市場區隔的要件，始具意義與價值。

(一)市場區隔的基本要件

餐旅市場在進行市場區隔之前，務必先考量下列各項要件來加以評估，不可冒然進行區隔工作。其應備要件計有下列幾項：

◆可衡量性

市場經區隔後，須具有某共同的特徵，或具體的數據，足以使餐旅行銷人員或行銷規劃者能清楚辨認及衡量其市場規模大小及歸屬。例如：性別、人口數、所得、職業、籍貫等人口統計及社會經濟變數，即爲最好的區隔變數，其所區隔出的市場均具異質性，且易於衡量。例如亞洲市場（**圖6-2**）、歐洲市場、男性旅客、女性旅客等之市場區隔均是例。

◆可接近性

區隔後的市場，必須是餐旅行銷人員或餐旅行銷活動所能接近的市場，俾便於廣告或提供產品資訊給市場內的消費者，便於與其溝通，以利產品行銷。例如：目前資訊網路普及，網路購物盛行，網路市場乃成爲另一種新興餐旅目標市場。

◆足量性

區隔後的市場必須擁有一定的銷售量或需求量，並且能讓餐旅企業有利可圖或具利潤開發潛力。例如：台灣想發展博奕產業，開設各式賭場旅館於馬祖，此時

圖6-2　泰國皇宮為亞洲旅遊市場熱門景點

即須事先評估可能造訪的觀光客人數及其消費能力，是否有獲利的空間。

◆可執行性

區隔後的市場必須有能力予以有效執行其行銷策略，否則仍無濟於事，此執行力則與企業本身資源與能力有關。例如：台灣有很多觀光旅館想爭取國際會議展覽產業此餐旅市場之客源，唯本身尚欠缺承辦大型會議之軟硬體設施與人力，因而難以拓展。

(二)觀光餐旅市場的區隔變數

區隔變數（Segmentation Variables）是指作爲劃分市場所使用的判別標準。觀光餐旅市場區隔的變數很多，但並非所有的區隔變數均適用，而端視觀光餐旅產品與觀光客或消費者之特性而定。餐旅市場常見的市場區隔變數摘介如後：

◆地理變數

所謂「地理變數」，係以地區、氣候、人口密度、城市規模等變數來區隔市場。例如：國內市場、國外市場；北部地區、南部地區（**圖6-3**）；市區、郊區等之市場劃分方式，即爲運用此地理區隔之方法。

觀光餐旅行銷人員須先瞭解此地理區隔之意義何在，因爲住在同一地區的消費者，可能均具有類似的生活水準、文化背景以及觀光需求，不同地理環境下的消

圖6-3　墾丁為南台灣熱門旅遊景點

費者對產品的需求及偏好也不盡相同，因而可針對此地區之特性來研發規劃餐旅產品及行銷活動。例如：台灣北部及南部的觀光餐旅消費者之客層均大不相同，因此觀光產品之供給，其質與量的規劃方式也不同，以利因地制宜；國際速食連鎖餐廳麥當勞其菜單及定價方式，在台灣與美國兩地也有差異。此類行銷手法均是運用地理區隔作爲市場區隔的例證。

◆人口統計變數

所謂「人口統計變數」，係以年齡、家庭人口數、家庭生命週期、性別、所得、職業、教育程度、宗教、國籍等作爲變數來加以區隔。人口統計變數爲所有區隔變數當中，最具成本效益且極容易取得的一種資料，例如：每年行政院主計處均會定期公布台灣地區人口統計資料可供參考。

人口統計變數運用於市場區隔，能使餐旅行銷人員瞭解社會的發展趨勢及市場消費能力等資料。例如：根據台灣最近人口統計資料顯示：台灣地區五十歲以上的成人市場，其觀光消費及購買力，較之年輕族群高，因此特徵使得五十歲以上的消費者成爲重要的區隔市場。

此外，現今人口統計資料發現，女性商務旅客成長甚快，且其購買力也強。因此，目前許多觀光旅館業者也紛紛設計規劃仕女專用樓層，並提供專爲女性旅客設計之各項觀光餐旅產品，期以爭取女性商務市場之客源。台灣餐飲市場也十分重視人口統計變數之運用。例如：台北市Hello Kitty主題餐廳（**圖6-4**），係以年輕女

圖6-4　粉紅色系列的主題餐廳

性客源爲定位，因此其內部均以女性消費者之喜好來設計規劃，所有色調均以粉紅色系列爲主，它係以人口統計變數的性別、年齡來加以區隔市場。

◆心理變數

所謂「心理變數」，另稱「心理區隔」，係指依消費者或購買者本身之生活型態、個性、人格特質，以及生活的價值觀等來區隔不同的消費群體，稱之爲心理統計變數，簡稱爲心理變數。

觀光行銷學者，通常較喜歡運用「生活型態」此心理變數來探討消費者的活動、興趣和意見（Activities, Interests, Options, AIOs），運用AIOs的研究來探討分析觀光餐旅消費者之購買動機、興趣、態度，以及價值觀等有關的行爲反應，期以針對此消費群研發適切的觀光餐旅產品，並進行系列行銷活動。

例如：生活型態較保守且傳統之消費者，其用餐習慣較喜歡前往熟悉常去的餐廳，所點的餐食也大致一樣，較少變化；至於生活型態較新潮，講究時尚者則喜愛追求各類不同的餐廳，並享用各種異國風味之美食，由於消費者生活型態不同，致使其消費行爲也互異（**圖6-5**）。

◆行為變數

所謂「行爲變數」，另稱「行爲區隔」，係指運用觀光餐旅消費者對觀光產品服務或品牌的使用特徵，來作爲市場區隔的基礎，稱之爲行爲變數。易言之，行

圖6-5　歐洲露天咖啡雅座深受歐美觀光客喜愛

爲變數係指消費者對餐旅產品之忠誠度、使用頻率，以及購買、使用場合等而言。茲摘述如下：

1.品牌忠誠度：餐旅消費者對觀光餐旅品牌之忠誠度爲觀光餐旅業者經常利用它作爲市場區隔的變數。行銷人員非常清楚「吸引一位新顧客所花費的成本，將是留住一位老顧客成本的五倍」，因此，觀光業者均會針對那些經常使用該品牌產品之老主顧給予特別的優惠，如授予會員卡、VIP卡給這些消費者，期以維持其對該產品之滿意度與忠誠度。此外，航空公司所推出的飛航哩程累計也是此類變數運用模式之一。

2.產品使用率：觀光餐旅業者會根據消費者對其產品或服務的使用情形，予以分爲重度、中度、輕度和非使用者等來加以市場區隔，再針對此類型顧客的區隔市場，分別研發適當的行銷策略，以拓展上述客源市場對其產品的使用頻率。

3.購買及使用場合情境：餐旅消費者購買餐旅產品之時間、場合情境，也是行銷人員慣用的市場區隔變數，期使其產品能以滿足消費者特殊的使用情境作爲行銷推廣的訴求。例如：觀光餐旅業者會在特定節日推出精心設計的應景產品（**圖6-6**），以迎合消費者之特殊場合情境需求，如情人節套餐、聖誕大餐、跨年酒會、除夕年夜飯，以及各種節日的餐旅產品等均是例。

4.消費者利基：係指依照消費者從產品中所追求的不同利基來作爲市場區隔變數，此方法相當有效，也頗受餐旅業者肯定與廣爲沿用於餐旅行銷管理。例如：國內觀光餐旅業者，鑑於時下雙薪家庭，由於均須上班而無時間備餐及整理家中雜務，因而推出微波食品佳餚、除夕年菜外送，以及管家服務（Butler Service）等，既便利又貼心的產品服務即是例。

圖6-6　聖誕節餐旅產品的規劃與設計

◆混合的區隔變數

目前餐旅行銷人員在進行市場區隔時，往往會將上述各種區隔變數予以混合併用，以應實務之需。例如：餐旅行銷人員在廣告行銷時，經常將「人口統計變數」與「心理變數」兩者相互搭配在一起，作爲區隔變數使用，期以獲得目標市場消費者之重要資訊與特徵以利推廣促銷。至於爲探討觀光餐旅產品之使用與居住地區之相互關係時，則會採用地理與人口統計兩變數來作混合區隔變數，如此搭配將較爲有效。例如時尚美食餐廳是以追求時尚風潮的高所得消費者爲目標行銷對象；速食餐廳則以青少年的生活價值觀及偏好來作爲市場區隔變數。

第二節　觀光餐旅目標市場的選擇

爲使觀光餐旅企業能將其本身有限的資源，予以有效的靈活運用，以提高其在市場上的競爭力，通常觀光餐旅業者會採取市場區隔策略，從所區隔出的次級市場中，愼選其中一個或數個區隔市場作爲觀光餐旅行銷的目標市場，再爲每一個目標市場量身設計研發其產品定位以及行銷組合。本單元將分別針對目標市場選擇應有的正確理念及選擇的方法，來加以介紹。

一、選擇目標市場應有的正確理念

目標市場的選擇，雖然事先已針對不同的區隔市場之消費行爲或特性等予以分析評估後，始作最後之選擇決策。唯任何周全的目標市場選擇方式，其本身均有一定的風險存在，因爲絕對沒有一個區隔市場是十全十美的，此時則有賴餐旅行銷決策者來正確判斷。

基本上，決策者需要先考慮哪一個區隔市場之特性與企業本身之專業領域或長處最契合，然後再權衡其輕重及利弊得失來作取捨。此外，也須考量企業本身的資源以及競爭者的威脅，唯有如此，始能將企業營運風險降到最低。

二、選擇觀光餐旅目標市場的步驟與方法

觀光餐旅業者爲發揮目標行銷功能並有效運用其有限的資源，務須集中所有

人力、物力，針對其最有利的客源市場加強行銷，因此務必要慎選其目標市場。茲將目標市場選擇的步驟，分述如下：

(一)評估區隔市場的吸引力

首先將經過市場區隔後的每一個區隔市場，即次級市場之特性予以詳加分析評估其優勢、劣勢、機會和威脅，期以瞭解每一個區隔市場的吸引力強度大小，以利抉擇。

(二)選擇所需的目標市場

目標市場的選擇必須考量當地市場環境情況，如市場規模、吸引力及成長率等因素，再考量當地競爭者之威脅。最後將前述之市場情況、競爭者與企業本身的資源再綜合比較分析，據以選定最適宜的一個或數個區隔市場，作爲日後行銷規劃之目標市場，並研擬目標行銷策略。

(三)選擇目標市場行銷策略

觀光餐旅目標市場行銷策略的選擇，計有下列四種方式：

◆第一種選擇方式

觀光餐旅業者決定不進入該市場，因爲經分析評估後，並無利潤或無發展願景可言，且風險太大，所以決定放棄涉入此市場。

◆第二種選擇方式

觀光餐旅業者決定不對其產品作區隔。易言之，係以公司的單一產品，運用其行銷組合，強力銷售給整個餐旅市場，此類選擇方式，即爲「無差異行銷」（Undifferentiated Marketing）。

此類行銷策略所針對的市場是一種具有共同需求特性的大衆市場（Mass Market），如觀光景點、風景區（**圖6-7**）或交通運輸工具等產品的行銷大部分屬於無差異行銷，因爲消費大衆對上述產品的需求並無多大的差異性。無差異行銷策略的優缺點如下：

1.優點：行銷管理較方便、產品可標準化及量化大量生產、可降低營運成本。
2.缺點：營運風險高，且面對市場競爭壓力大。

圖6-7 觀光景點等產品的行銷屬於大衆市場的無差異行銷

◆第三種選擇方式

觀光餐旅業者決定僅選擇進入某一個區隔市場來行銷，此類方式即所謂的「集中行銷」（Concentrated Marketing）。餐旅業之所以僅選定一個作爲目標市場，通常係因考量企業本身資源有限，所以只好挑選一個最有勝算的區隔市場，即所謂「利基市場」（Niche Market）來集中行銷。

如旅行業的票務中心旅行社，是以航空票務客源爲其主要利基市場；乙種旅行社則以國民旅遊爲其主要市場。

集中行銷策略的優缺點如下：

1.優點：能將企業有限的資源發揮最大的效益、能強化產品的觀光吸引力及提升品牌在市場的知名度。
2.缺點：觀光餐旅市場極具敏感性、變化性及競爭性，若僅選擇某利基市場來集中行銷，如果該市場需求發生變化，則企業所承受的風險將相當大。

◆第四種選擇方式

企業決定同時進入多個經篩選的區隔市場來行銷，並且再針對每一個所選的區隔市場之特性來設計不同的產品組合，並逐一規劃所需的行銷策略。此類方式即所謂的「差異行銷」（Differentiated Marketing）。目前觀光餐旅企業所採行的目標

圖6-8　陶板屋為王品集團針對上班族成人區隔市場所作的產品定位

市場行銷方式，大部分均以此類策略較多。例如王品餐飲集團，針對所篩選的不同區隔市場，分別規劃各種不同品牌產品，如王品牛排、西堤、陶板屋（**圖6-8**）、舒果、原燒、夏慕尼，以及曼咖啡等產品組合來分別擬定各自的目標行銷策略。此外，國內甲種旅行業也分別開發國內觀光及海外觀光的市場產品線，以滿足不同區隔市場消費者的需求。此類行銷策略的優、缺點爲：

1.優點：能針對各不同市場消費者需求來研發其所需的適切產品服務，較能滿足其需求，市場認知價值也較高。
2.缺點：餐旅企業在產品研發、行銷作業等成本費用太高，對於資源有限的企業而言，其所承受的壓力較大。

第三節　觀光餐旅產品定位

觀光餐旅產品隨著社會科技文明及消費者需求之多元化，餐旅市場新產品不斷問世。爲使餐旅產品能在目標市場消費大衆腦海裡留下深刻印象並占有一席之地，期以經由產品定位來凸顯產品的特色及形象地位，從而擴大產品在整個餐旅市場之版圖。本節將分別就產品定位的基本概念予以介紹。

一、觀光餐旅產品定位的基本概念

當觀光餐旅業者將市場予以區隔，並從中選定目標市場之後，緊接著須針對其產品在該目標市場，發展出一個明確有利的餐旅產品定位，以利作爲行銷策略規劃之藍圖。

(一)觀光餐旅產品定位的意義

「定位」的概念係源於1972年，它是一種傳播資訊及溝通觀念的方法，其目的乃希望其產品及企業組織能在目標市場顧客心目中，占有某種特殊地位，同時使目標市場中的消費者能瞭解並感覺到本企業之產品、品牌，較之其他競爭者之產品更能滿足其需求。易言之，定位的意義乃是在顧客心目中建立良好的形象地位，而不是將產品固定在某一定位置而不變。其主要功能是使消費者能知覺企業所提供的產品服務，較之其他競爭者之產品對他們更適切、更有利；係一種同中求異，運用差異化行銷策略來領先競爭對手的現代餐旅行銷手法。例如：杜拜阿拉伯塔的帆船飯店是以光鮮亮麗、貴氣豪華的裝潢設施設備（**圖6-9**），以及帆船造型的雄偉建築來爲產品定位；台北圓山飯店則以古色古香中國宮殿式建築，以及傳統中華文化裝潢和擺設的復古風場景來作爲該旅館產品的定位，藉以彰顯其產品在消費者心目中的形象地位。

圖6-9　杜拜帆船飯店大廳設施設備即景

(二)觀光餐旅產品定位的重要性

◆提升產品的形象地位

觀光餐旅企業可經由正確的產品定位，來提升產品在顧客腦海中的認知價值與地位，可增進產品在市場上的口碑行銷。

◆強化產品在市場的競爭力

產品定位之主要目的是希望讓消費大眾瞭解公司觀光餐旅產品的品牌或價值，優於其他競爭對手的產品，期以超越市場其他競爭者。

◆瞭解產品在顧客心中的認知地位

觀光餐旅業者可經由產品定位來瞭解顧客對公司產品與市場同質性產品的認知地位或認知價值之差距，並藉以作爲產品改善或定位修正之參考。

◆產品定位為觀光餐旅行銷策略規劃的藍本

觀光餐旅行銷策略的規劃均須配合觀光餐旅產品在市場的定位來擬定產品定價、銷售通路及各種推廣活動，始能發揮整體效益。

二、觀光餐旅產品定位的方法

觀光餐旅產品定位的基本原則是爲創造產品形象特色，以滿足顧客之利益需求，並能區別自己與競爭者在產品服務上之最大差異。若觀光餐旅產品之定位，未能展現上述精神，則此定位將無任何意義與價值可言。茲將觀光餐旅產品常見的定位方法，介紹如下：

(一)產品屬性及利益定位

此定位方法爲觀光餐旅業最常使用的產品定位策略。此類定位是將產品的功能、品質、價格及利益等屬性，以其中兩個或兩個以上來作爲產品定位。例如：台北晶華、W旅館、君悅飯店等均是以高品質、高價位等作爲其產品定位策略。另外，晶華旅館集團所屬的捷絲旅（Just Sleep）則係以低價位、安全舒適等屬性作爲其產品定位（**圖6-10**）。事實上，產品屬性定位也是一種產品差異化的行銷策略。

(二)產品用途定位

此類定位是依照觀光餐旅產品的使用狀況或用途來作定位。例如：有些餐飲業者將其餐廳定位爲婚宴廣場；旅館業者將其旅館定位爲國際會議旅館；旅行業將部分遊程產品定位爲生態之旅、文化之旅以及古蹟巡禮等均是例。

圖6-10　平價旅館——捷絲旅

(三)使用者定位

此類定位方式是以觀光餐旅產品的使用者作爲其定位的基礎。例如：麥當勞速食連鎖餐廳係以兒童、青少年爲主要訴求；商務旅館或觀光旅館的商務樓層是以商務旅客作爲其產品使用對象的定位方法（**圖6-11**）。事實上，此方法是以滿足特定目標市場消費者之需求而研擬的定位策略，如依使用者的性別、年齡、身分以及社會階層等定位方式均屬之。

圖6-11　以商務旅客為市場定位的西華飯店

(四)產品種類定位

此類定位方式之主要目的乃希望在消費者心目中建立或改變其產品種類歸屬之認知。例如音樂主題餐廳因增聘名廚研發具特色的風味餐，並增添餐廳裝潢與布設，也可將其重新定位爲美食餐廳；風景區附近的民宿經由擴建並增加旅館休閒設施，也可將其定位爲渡假旅館等均是例。

(五)競爭者定位

此類定位策略是一種產品差異化行銷策略之應用。其主要目的乃告知目標市場的消費者，該企業所推出的觀光餐旅產品之品牌優於市場上其他同業產品品牌，此策略是採直接與市場競爭者對抗的方式來定位。另外尚有一種是以遠離市場競爭者的方式來定位，如廣告海報之宣傳「當你不想去海濱，歡迎到森林遊樂區來」，即是以遠離競爭者之定位方式（**圖6-12**）。

三、觀光餐旅產品重新定位

觀光餐旅產品的定位並非永遠不變。有時候，當觀光餐旅市場行銷環境之時空或情境改變時，觀光餐旅產品即須考慮重新定位，以應實際需求。茲將可能導致觀光餐旅產品重新定位之因素，摘述如後：

1. 爲吸引新區隔市場的觀光餐旅消費者，此時可考慮改變觀光產品之定價、包裝或內容；或僅改變行銷市場而產品維持不變。
2. 爲增加新目標市場，並維持原有目標市場時，此情境之下，可考慮採用無差異行銷之定位策略，以同一種觀光餐旅產品投入數個區隔市場中。

圖6-12　「當你不想去海濱，歡迎到森林遊樂區來」為遠離競爭者之定位方式

3.爲增加現有觀光餐旅產品的市場規模時，此時由於原有目標市場之結構產生變化，因而觀光餐旅產品有必要再重新定位。

4.觀光餐旅市場結構轉變。由於目標市場消費者之變遷，因而原先推出之觀光餐旅產品已無法滿足當今市場消費者之需求，此時須重新再做市場調查與市場區隔，並另研發最新觀光餐旅產品，以符合消費者之利益與需求。

四、觀光餐旅產品定位成功的要件

觀光餐旅產品定位的方法有多種，其本身並無好壞之分或輕重之別，唯在選擇產品定位方法時，須考量是否具備下列要件：

(一)須具有市場競爭優勢的差異性

所採取的定位方法，須能彰顯公司本身產品與市場競爭者產品的差異，若差異性愈大，將愈不易被競爭對手仿襲，則產品定位成功機會也較大；反之，將不是理想的定位方式。

(二)產品定位須能被目標市場接受

觀光餐旅產品的定位訴求，須能被目標市場消費者接受或認同，假設市場對此產品定位訴求的接受度不高，則此定位方法將難以奏效。例如在民風純樸的農村，開設「豪華頂級牛排專賣店」，並不是很適當的定位，因爲純樸的農村消費者不僅生活節儉且不習慣吃牛肉。

(三)產品定位須符合企業營運目標

觀光餐旅產品的定位，除了須具競爭優勢並爲目標市場所認可外，更需要符合企業營運目標，能擁有優勢企業資源爲後盾，始能發揮定位的效益，展現獨特的產品風格。例如王品餐飲集團旗下的西堤牛排是以活潑亮麗的西式風格爲產品定位；陶板屋則以親切有禮的和風料理爲產品定位，唯均以「餐食好吃、服務講究、價格適中、感動顧客」爲企業營運之服務目標。

專論

亞都麗緻飯店獨特的定位策略

亞都麗緻飯店為台灣觀光餐旅服務業的典範，曾經是世界傑出旅館訂房系統之一員，目前為世界最佳旅館組織會員。曾榮獲《遠見雜誌》舉辦的十大服務業評鑑榜首之殊榮，其所屬餐廳「天香樓」及「巴黎餐廳」也於台北餐廳評鑑中分別獲四顆星及特優的異國料理之佳評。

亞都麗緻飯店的成功乃在優質的顧客服務、員工工作態度以及幹部的領導風格，而此三大要素均源於卓越的「產品服務定位」。由於亞都開創地點及周圍環境並不佳，再加上欠缺大型豪華旅館壯觀之噴泉、廊柱、花園及夜總會表演秀，因此亞都在硬體實質條件上實難以與台北其他競爭者相抗衡。所以必須走出自己獨特的風格，以商務旅客為主要營運對象。其旅館產品服務係以提供商務旅客精緻服務之溫馨膳宿環境，作為其產品服務定位。因此，亞都麗緻飯店為堅持提供最精緻服務給商務旅客，卻寧可犧牲接待觀光團體旅客之機會，此定位決策風險在當時來說委實不小，但如今卻證明其定位策略相當成功。

亞都麗緻飯店的消費者幾乎忠誠顧客占70%，且均以口耳相傳為該飯店做最具效益的口碑行銷，成為其客源之一。此外，在民國70年代來台商務旅客僅占20%，而亞都卻寧願捨棄80%之廣大客源，來專注此小眾市場。如今商務旅客已快速成長，來台觀光團體除了大陸團體觀光旅客外，均普遍下降，由此可見亞都麗緻飯店堅持提供給商務旅客最溫馨「家外之家」的位定策略相當具有遠見。

台北亞都麗緻飯店

學習評量

一、解釋名詞

1. Market Segmentation
2. STP
3. AIOs
4. Undifferentiated Marketing
5. Concentrated Marketing

二、問答題

1.何謂「市場區隔」？何謂「區隔市場」？

2.餐旅行銷主管在考量是否進行餐旅市場區隔時，你認爲該主管必須事先考慮此餐旅市場哪些條件？爲什麼？

3.餐旅行銷人員，若想深入瞭解市場消費者之消費能力及社會的發展趨勢，你認爲最好採用哪一種市場區隔變數其效果較佳？請說明其原因。

4.觀光餐旅行銷人員喜歡以「AIOs」此心理變數來作爲市場區隔變數，你認爲其主要目的何在？試述之。

5.觀光餐旅行銷人員是依據何種方法或步驟來選擇其心目中理想的餐旅目標市場呢？你知道嗎？

6.觀光餐旅產品爲何需要定位？其目的爲何？試申述之。

Note...

Chapter 7

觀光餐旅行銷組合策略

單元學習目標

- ◆瞭解觀光餐旅產品的意義及其構成要素
- ◆瞭解觀光餐旅產品的生命週期及其有效因應策略
- ◆瞭解觀光餐旅產品設計的基本原則
- ◆瞭解觀光餐旅產品的品牌管理知能
- ◆瞭解觀光餐旅產品定價的方法
- ◆能正確運用價格策略，以因應環境變遷
- ◆能正確運用餐旅行銷組合策略
- ◆能培養觀光餐旅推廣的專業知能

觀光餐旅行銷策略是一種爲了在目標市場能達成既定行銷目標的指導原則，基本上包括：餐旅行銷目標之選定、餐旅產品定位以及餐旅行銷組合等三大主軸。前兩項主軸已於第六章介紹過，本章僅針對觀光餐旅行銷組合之策略，分別依產品、價格、通路、推廣等策略逐加介紹，最後再介紹現代觀光餐旅服務行銷策略。

第一節　觀光餐旅產品策略

觀光餐旅產品係一種組合式的套裝服務產品，基本上可分爲有形與無形產品兩大類；若就其個別產品如住宿、膳食及旅遊服務等產品之內涵，又可分爲核心、實質以及擴張產品等多種。由於觀光餐旅產品有其產品生命週期，所以餐旅行銷人員除了須充分瞭解餐旅產品的類型外，更要能針對餐旅產品不同的生命週期，採取適切的行銷策略，始能發揮最大的產品行銷效益。

一、觀光餐旅產品的意義

觀光餐旅產品係指提供觀光旅客或遊客自其離開家，一直到返抵家門，其間所需的膳宿、交通、遊憩及自然、人文觀光景點資源等設施服務，或相關的支援性服務產品等而言。事實上，目前所謂的觀光餐旅產品主要是指膳宿服務產品爲主，其次爲旅遊及其他支援性服務產品，如交通運輸、休閒娛樂、購物中心（**圖7-1**）及文化創意活動等。

圖7-1　大型購物中心為一種支援性觀光產品

二、觀光餐旅產品的構成要素

觀光餐旅產品的構成要素，可分別就其「類別」與「內涵」兩方面，予以摘介如下：

(一)觀光餐旅產品的類別

觀光餐旅產品是一種套裝組合的產品，基本上，可分爲下列兩大類：

◆有形的產品（Tangible Products）

所謂「有形的產品」，又稱「外顯服務」（Explicit Service），係指觀光餐旅業所提供給顧客消費使用的環境、設施、設備，以及其他視覺所及的相關產品均屬之（**圖7-2**）。例如：觀光目的地景點風光、旅館建築造型及裝潢、客房設施設備、餐桌擺設、美食佳餚、穿著整潔光鮮亮麗制服的觀光餐旅服務人員，以及其溫文爾雅的儀態、舉止、應對進退等，均是極具吸引力的有形餐旅產品。

◆無形的產品（Intangible Products）

所謂「無形的產品」，又稱「內隱服務」（Implicit Service），係指觀光餐旅業所提供給顧客溫馨貼切、以客爲尊的人性化優質接待服務、完善的溝通管道，以及美好的休閒體驗。此外，餐旅企業文化、服務價值觀及餐旅品牌形象的知名度

圖7-2　渡假旅館的休閒設施環境為旅館有形產品之一

等，也是餐旅企業本身深具價值的無形產品。例如：麥當勞的金黃色拱門、星巴克的美人魚及迪士尼樂園的米老鼠等均是。

觀光餐旅業所提供的產品，表面上雖然可分兩大類，但事實上均以「服務」爲依歸。有形產品若不經由溫馨親切之服務來傳送給客人，則難以彰顯服務品質的價值。事實上，無形的產品遠比有形的產品還重要，尤其是當餐旅從業人員與顧客接觸或互動之過程，特別是關鍵時刻的黃金十五秒，如果無法帶給顧客溫馨親切之舒適感受，將會影響餐旅產品之品質。

(二)觀光餐旅產品的內涵

若針對觀光餐旅業的個別產品（Individual Product）如餐飲業、住宿業等，任一完整的個別產品，其內涵至少須包括下列三部分：

◆核心產品（Core Products）

係指餐旅業實際提供給消費者，並能滿足消費者所需或利益的餐旅產品與服務。例如安全舒適雅靜的客房，或精緻美食及其用餐環境（**圖7-3**）等餐旅消費者眞正想要購買的餐旅產品服務，謂之核心產品。

◆實質產品（Tangible Products）

實質產品另稱有形產品或正式產品，係指餐旅消費者在付出一定價格後，實

圖7-3　餐飲用餐環境屬於餐廳核心產品之一

際上所能獲得的實質上產品，如觀光客在旅館住宿一夜，在客房中所能享用的住宿設施設備及其備品等均是例。

◆**擴張產品**（Augmented Products）

擴張產品另稱附屬產品或延伸產品，係指餐旅消費者在享用餐旅實質產品之過程中，所得到的各種具有附加價值的產品或服務。例如：旅館所提供的洗衣服務、客房餐飲服務、健身房等促進性服務（Facilitating），以及能爲房客創造附加價值的貼心管家服務（Butler Service）等具增強性的支持性產品（Enhancing & Support Products）均屬之。

三、觀光餐旅產品的生命週期

所謂「產品生命週期」（Product Life Cycle, PLC），係指某項產品在餐旅消費者心中的地位，會隨著時間和空間的改變而產生變化，如同人的出生至死亡般，呈現出一種生命週期的現象，謂之產品生命週期（**圖7-4**）。此產品生命週期理論是由銷售利潤與時間等兩個構面所組成，其主要功能爲可供餐旅行銷人員作爲行銷組合規劃之參考。

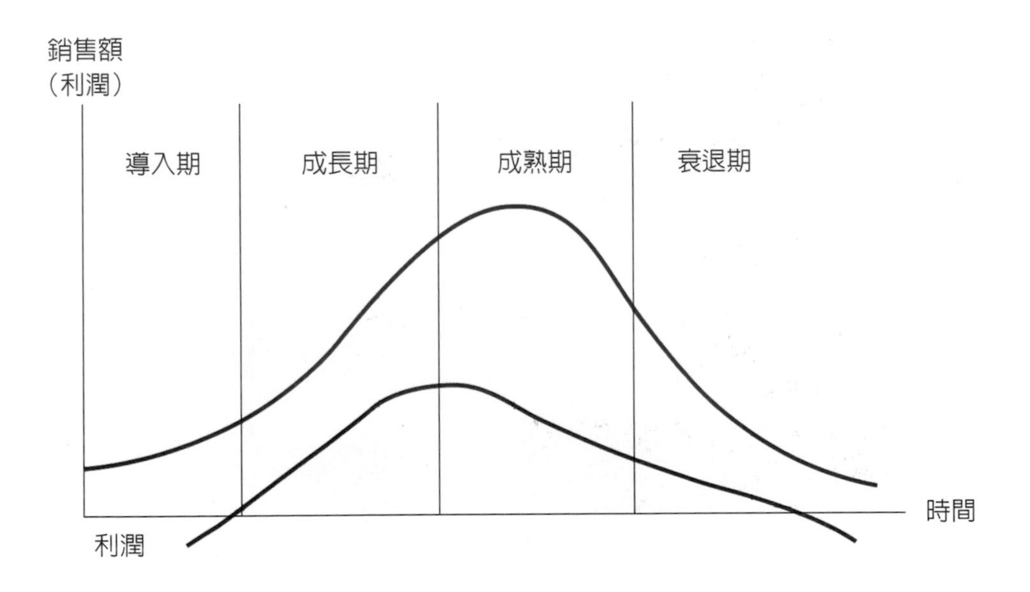

圖7-4　餐旅產品的生命週期

餐旅產品的生命週期現象，主要是受到市場經營整體環境以及餐旅企業本身因素所影響。因此，現代餐旅企業必須正視餐旅產品生命週期的意義及功能，加強行銷管理，並針對產品生命週期的各不同階段，採取不同的因應策略，以強化餐旅產品的貢獻率及生命力。茲摘述如下：

(一)導入期

◆市場特徵

此時期產品在市面上知名度不夠，許多餐旅消費者或經銷通路商尚不知道市面上有此產品，對於該產品效益也不甚清楚。此階段之餐旅產品，由於知名度不足，顧客甚少或無，其餐旅銷售利潤可謂無利可言，通常是處於虧損情況爲多。

◆行銷策略

餐旅業者須全力加強提高此餐旅新產品在市場上的知名度與曝光率。例如運用媒體廣告、辦理新產品發表會（**圖7-5**）、提供產品免費體驗或試吃、試住優惠活動等。此階段的餐旅產品通常因生產、行銷成本較高且尚無市場競爭者，因而定價往往偏高。不過，也有業者爲求儘速提高其市場占有率，並減少競爭者加入的誘因，乃採低價位的新產品策略。此外，此類新產品宜以操作簡單方便、消費者容易

圖7-5　辦理新產品發表會或提供免費試吃為導入期產品的行銷策略

瞭解與接受者為優先考量，其次避免花費太多的研發與生產成本，以免徒增餐旅行銷成本壓力。俟市場擁有一定的客源市場之後，再逐步將原產品予以改良、創新再推出，期以不斷延續、創新產品的成長期。至於通路方面，在導入期宜採有限的通路為佳，以利控管績效。

(二)成長期

◆市場特徵

此時期由於先前的推廣活動及行銷通路已逐漸發揮預期效益，市場對於餐旅產品逐漸熟悉，且接受度也漸漸提升，產品在市場銷售量、利潤及占有率也增加。唯市場上的競爭者已陸續出現，紛紛進入此產品市場。

◆行銷策略

餐旅業者為求擴大市場，避免原有產品基本功能被競爭者仿襲超越，此階段產品的款式、包裝形態以及其功能須提升。推廣促銷重點在於提供產品更多的資訊以及強調產品的功能、特色及凸顯品牌差異化，運用口碑來改變市場消費者的品牌偏好，吸引消費者購買；配銷通路方面較之導入期要多且密集，以利消費者就近購買。

(三)成熟期

◆市場特徵

此時期市場消費者對於該產品的特性和功能已相當熟悉且願意購買。此時，部分競爭者因難以繼續競爭而退出市場，至於尚留下來的競爭者，通常均擁有其一定的競爭力與基本客源市場。因此，產品在市場銷售速度漸緩慢，利潤也開始下滑。

◆行銷策略

此階段的行銷策略重點乃在全力固守並保護既有的市場客源，強化顧客品牌忠誠度，避免流失老顧客外，更要設法爭取競爭者的顧客群來轉換品牌，擴大市場。為達到此戰術性行銷策略之目標，餐旅業者務必要在本身產品的品質、服務、包裝和款式等各方面改善創新外，並且要考慮調降價格，以維持既有的市場地位。此外，尚須積極尋求代理商、經銷商，以及觀光餐旅同業與異業之合作或支持。例如：旅館業同業間之聯合行銷或共同訂房等策略，以及旅館業、旅遊景點、餐飲

業以及信用卡公司間之異業結盟、聯合促銷活動等均是例（**圖7-6**）。至於在推廣促銷方面，可給予通路商適當的促銷補助，也可運用贈品、折價券、買十送一、外送宅配服務，或聘請名模及明星爲產品代言人，以利在短時間內來刺激消費者對產品之需求與購買慾。

圖7-6　餐旅業與信用卡公司的聯合促銷活動

(四)衰退期

◆市場特徵

此時期餐旅市場的消費者對是項餐旅產品逐漸失去好奇心與新鮮感，產品在市場上的銷售量及利潤開始下降，僅能賺取些許微利，有些產品的利潤甚至零。

◆行銷策略

此階段的行銷策略概可分爲下列三種，可供餐旅業者抉擇：

1. 設法將現有的庫存產品以低價出清存貨，並儘快退出市場，以保留實力再開發其他產品。
2. 維持現有的產品，唯不再投入研發改良之資源與經費，減少推廣及通路之費用支出。易言之，係以節衣縮食的方式，儘量減少行銷費用的支出來勉爲其難運作，以待轉機。
3. 設法改良創新原有的產品之品質、形象、定位以及用途，期以創新產品方式來延伸產品的生命週期，並再創造銷售利潤。

四、觀光餐旅產品生命週期的省思

觀光餐旅產品生命週期理論，可提供行銷人員去辨認某項餐旅產品是處在哪一階段，有何種機會待把握或何種問題待解決，企業該採取何種因應策略。此理論對於觀光餐旅產品之營運管理策略具有相當的價值，可作爲產品績效評估及控管的

參考，唯在運用產品生命週期理論時，尚須特別注意下列幾點：

1.並非所有餐旅產品均有一個完整的生命週期，誠如人的生命歷程一樣。有些產品剛推出市場尚未進入成熟期，即慘遭淘汰。

2.觀光餐旅產品類別衆多，產品不同其所經歷的各階段時間長短也不同。究其原因，乃因餐旅消費市場需求之變化莫測，再加上行銷外部環境如政治、經濟或社會等突發事件之影響，均可能造成產品週期的變化。

3.觀光餐旅產品生命週期各階段之間，並沒有絕對的順序。例如：有些產品一上市即達到成熟期；有些產品雖然已達成熟期，但並無步入衰退期或遭淘汰的跡象，反而倍受消費市場青睞，如注入新的生命力般，迅速成長。例如：有機新鮮食材的養生膳食餐飲產品即是例（**圖7-7**）。

4.產品生命週期理論是由銷售量利潤及時間序列所建構而成，唯有些產品雖然一直維持很高的銷售量，即意指尚未達衰退期，但實際產品利潤已經達到零的現象，此時，餐旅行銷人員即須考慮汰換並研發新產品之策略。

5.觀光餐旅產品銷售曲線下滑或銷售量低迷不振，並不一定是代表該產品正處於衰退期而須汰舊推新，此二者並無絕對因果關係。因爲銷售量降低可能受到外部行銷環境變化的衝擊所致。此時，餐旅行銷人員須更審愼思考因應策略，切勿遽以減少研發產品推廣活動或誤判因果。

圖7-7　有機新鮮食材的餐飲產品

五、觀光餐旅產品設計的基本原則

觀光餐旅產品是一種組合式的產品，爲研發具有競爭力的組合產品，務必遵循下列幾項基本原則：

(一)產品定位須明確

觀光餐旅產品在設計前，須先思考產品服務定位，即本產品主要服務的目標顧客群是誰？想提供給顧客何種形象或價値？產品服務是高價位、中價位或低價位？然後再據以規劃設計符合此顧客需求水平的一致性產品或服務。例如：旅館產品若定位爲國際觀光旅館，則其硬體建築設備及其軟體服務品質，必須達到國際觀光旅館及星級旅館四至五星級的產品服務水準，始符合具產品服務定位，以利目標客群的選擇與消費購買。

(二)產品須具多功能

觀光餐旅產品的設計，須能滿足顧客多元化的需求，始能符合其休閒體驗的期望（**圖7-8**）。例如：現代旅館的產品，不僅提供旅客膳宿服務，更備有育樂等

圖7-8　觀光餐旅產品的設計須能符合顧客休閒體驗的需求

多功能的設施服務，如健身房、夜總會、游泳池或三溫暖等；餐廳提供各種不同餐飲文化的用餐區及異國風味餐食料理。上述實體服務環境之產品設計，均在因應顧客多元化的需求。

(三)產品須符合統整和諧原則

餐旅產品組合中，各個別化產品或服務的品質，均須達原先服務定位的一致性水準，並且在有形或無形產品服務上力求統整和諧，如實體服務環境周遭情境、服務場景的格局規劃、室內外裝潢布設的美化綠化，以及餐旅服務作業流程或個別化服務等，均須相互搭配，環環相扣，能展現統整和諧之氛圍，以營造出餐旅產品的特色魅力。

(四)產品須符合最佳經濟原則

餐旅產品組合之設計，不論其產品線多寡或各產品線之規模大小，除了考量市場需求外，尚須兼顧投資經濟效益。通常新產品推出時，其產品組合不宜太大，須先測試市場反應後再酌加增減，始符合最佳經濟原則。此外，觀光餐旅產品組合的設計，須能滿足顧客的知覺價值始具意義，唯欲符合顧客的知覺價值，其先決條件必須在產品設計規劃時要符合經濟最佳原則，力求在維繫一定水準的服務品質下，來設法降低餐旅成本支出，使餐旅產品的規劃設計能發揮最大經濟效益。當顧客從產品服務所獲得的品質利益大於其所支付的成本代價時，將會感到物超所值，其滿意度也會因而提高。

(五)產品設計須具觀光吸引力

為創造餐旅產品的觀光吸引力，餐旅業者必須自餐旅服務實體環境（**圖7-9**）、服務傳遞作業流程及餐旅服務人員等三方面，針對目標餐旅市場消費者的體驗需求及期望水準，來規劃設計其產品內容與服務品質，使其不僅符合顧客預先的期望，甚至超越其期望。唯有如此，始能營造並孕育出獨特的觀光吸引力焦點。例如：我國民宿的客房產品服務，基本上須符合整潔、隱私、安全、親切、友善之精神，若能在建築、景觀、生態、人文、體驗或農特產品等方面來結合地方特色，將可營造出一股觀光吸引力，如花東地區的好客民宿即是例。

圖7-9　觀光餐旅實體環境能創造觀光吸引力焦點

第二節　觀光餐旅企業的品牌管理

觀光餐旅產品係一種組合性的套裝產品，許多擁有多種產品的餐旅業者，均會爲其產品設計不同的品牌名稱，期以爭取市場消費者之信賴感及提升企業品牌知名度。茲就餐旅品牌管理的基本概念分別加以介紹。

一、品牌的意義

所謂「品牌」（Brand），係指一個名稱、符號、標誌或圖案的組合，期以作爲識別某個或某群產品的生產者、服務者或銷售者的產品服務而言。易言之，產品的品牌係由下列三者所建構而成：

(一)品牌名稱

係指可經由語言及文字來表達的部分。例如：君悅國際飯店集團（Hyatt）、香格里拉飯店集團（Shangri-La）以及國內知名餐旅品牌，如喜來登、晶華、鼎泰豐、王品以及85度C咖啡等均是知名品牌名稱。

(二)品牌標誌

係指符號、圖案設計或特殊的文字標記，僅能經由肉眼來辨別，而難以用語文來表示者。例如：國際速食連鎖集團之巨人——麥當勞係以金黃色之拱門狀爲其品牌標誌；雄獅旅遊集團以紅底反白的雄獅爲其集團產品品牌標誌等均是例（**圖7-10**）。

圖7-10　餐旅企業的品牌標誌

(三)商標

所謂「商標」，係指經由餐旅企業向有關單位辦理商標登記註冊，並享有法律保障的品牌名稱與標誌。凡經依法完成註冊的商標，該餐旅業者對該商標享有使用權與擁有權。易言之，商標經註冊登記後，已成爲該餐旅企業的一種資產，他人不得冒用或仿襲，且視同智慧財產權之一種。例如：麥當勞的金拱門、摩斯漢堡的M字造形圖案，不僅是標誌，也是其註冊商標。

餐旅小百科

美國實驗　證明品牌很重要

品牌到底有多重要？美國貝勒醫學院（Baylor College of Medicine）的瑞德・蒙泰格（Read Montague）在2005年陸續針對可口可樂與百事可樂進行一連串的實驗。蒙泰格給受試者兩罐可樂，一罐標示著可口可樂，一罐完全沒有任何標示，結果受試者當中有將85%的人，都覺得標示著可口可樂的那一罐比較好喝。

奇妙的是，其實兩罐裝的都是可口可樂。這項實驗結果證實，可口可樂的行銷做得比較好，品牌成功說服消費者，讓消費者有可樂等於可口可樂的印象。

資料來源：摘自《聯合報》。

二、品牌的功能

品牌的功能可分別自消費者、餐旅業者以及社會等三方面來加以說明：

(一)消費者方面

餐旅品牌由於具有獨特性的名稱與標誌，能協助消費者在短時間之內即能迅速辨認，節省購買的時間與精力上的浪費。此外，品牌能提供消費者心理的安全感、信賴感以及濃縮所需資訊之功能。例如：當觀光客看到「麗池旅館」（Ritz）之名稱，立即聯想到優質溫馨之親切膳宿服務，以及高雅的住宿與用餐環境。

易言之，品牌對消費者而言，具有傳遞資訊、協助辨識、提高購買效率以及心理上的保障等功能。此外，市場消費者在選購產品時，往往會指定購買某一品牌之產品，對於其他不熟悉之品牌，不僅不會多看一眼，甚至於將其視爲「雜牌」，此乃品牌對於消費者在心理上及品質上之保障的例證。

(二)餐旅業者方面

知名或具有良好形象的餐旅產品品牌，對於業者在市場上的推廣行銷活動較有吸引力與競爭力，且能維繫顧客的忠誠度。例如：本土化知名連鎖旅館的晶華（**圖7-11**）、國賓、長榮桂冠以及雲朗等旅館集團品牌，不僅凸顯台灣本土性特

圖7-11　晶華酒店外觀造型

色，尙包括餐旅產品服務品質的保障。此品牌不僅有助於本土旅館業者拓展其海內外旅遊市場，更有益於口碑行銷及維持其客源市場消費者的情感與忠誠度。國內餐飲品牌較著名者，如王品餐飲集團、85度C咖啡以及鼎泰豐等本土餐飲品牌，不僅在國內餐飲市場有極大的品牌吸引力，甚至在中國大陸、美國及澳洲等地均有其忠誠的品牌愛護者。

(三)社會方面

餐旅品牌之觀念，有助於提升國內觀光餐旅產業之經營概念及服務品質，使得社會生活品味因而得以提升。此外，由於品牌概念深植社會各階層，對於仿冒、山寨產品將爲人所唾棄，甚至會遭受社會視爲公害。此有助於提升國人在國際社會的形象與地位。目前國際社會十分重視品牌之擁有權與使用權，如前往歐洲的旅客入境時若攜帶仿冒之名牌包或山寨品，則會被視爲違法而遭取締。

三、餐旅產品的品牌類型

觀光餐旅業者對於其產品品牌之命名，通常有下列三種決策類型：

(一)個別品牌（Individual Brand）

係指餐旅業者將其所生產的每項產品，均給予特定的品牌名稱。例如：台灣晶華酒店集團所屬的平價旅館品牌捷絲旅（Just Sleep），以及經由收購取得之國際品牌麗晶（Regent）在全球的擁有權等均是例。此外，國內雲朗觀光集團，旗下所屬的旅館如君品、雲品、翰品、兆品等酒店及中信飯店，均有其產品的個別品牌，以代表其個別產品身分。

(二)家族品牌（Family Brand）

係指餐旅業者將企業組織所有的產品，一律冠上該家族名稱使用同一種品牌。例如：長榮桂冠、麥當勞以及85度C咖啡等均是例。此外，旅遊業界之雄獅、東南（**圖7-12**）以及燦星等旅行社也是採用同一家族品牌。

圖7-12　東南旅行社為旅行業的長青樹

(三)混合品牌（Combine Brand）

係指企業名稱結合個別品牌，有部分餐旅企業組織所生產的產品，其品牌命名是結合前述兩種名稱來命名，即企業名稱與個別品牌名稱併列之方式。例如：波音737、波音747以及波音787等美國波音公司之系列產品即是例。

四、品牌命名應遵循的原則

觀光餐旅企業品牌命名時，須遵循下列幾項原則：

1.餐旅品牌之命名須易讀、易看、易懂及易記。例如：形象標誌之線條、圖案要力求鮮艷、亮麗；字數不宜超過四個字；名稱若有押韻，唸起來較順口且不容易忘記。
2.品牌名稱須能暗示或傳遞產品的特性、品質或利益。例如：85度C咖啡之品牌名稱，即爲最佳範例，充分顯示出其產品之特質與利益，具有傳遞濃縮產品資訊之功能，且易讀易懂。
3.品牌命名須配合目標市場的特色或特質。例如：國賓飯店在各地均冠上該目標市場的地名，如台北國賓、新竹國賓和高雄國賓。此外，旅行業所推出之網站旅行社也是此類品牌之命名方式。

4.品牌名稱力求避免不雅之諧音，同時須合法註冊。避免因仿襲或設計不當而誤導消費者，或侵犯他人品牌權益。

五、觀光餐旅品牌建立的方法

觀光餐旅企業在21世紀地球村之時代，若想要在營運中能創造利潤，務必要擁有具創意、可創造獨特旅客經驗，以及能感動人心的品牌訴求，始能創造利潤及永續經營，而非昔日僅仰賴品質好、功能佳或市占率高即可竟功。因此，今後觀光餐旅企業爲建立其品牌，務須自下列幾方面來努力：

(一)品牌定位須明確

就觀光餐旅業而言，「定位」非常重要。定位方向要明確、簡單清晰，則企業營運方針始有藍圖可循，品牌就能走對的路。例如：雲朗集團爲使其品牌形象符合餐旅市場營運需求，將旗下所屬四十多家旅館，依其立地環境及文化特色分別賦予各種不同的品牌定位。例如：君品酒店以國際精緻商務酒店定位、雲品酒店以高級渡假爲定位、翰品酒店以商務兼渡假爲定位、兆品酒店是以一般觀光旅館定位、中信旅館系統則以平價旅館爲定位，以及義大利的LDC莊園品牌，是以金字塔頂端消費群高價位的葡萄酒莊爲定位的旅館等，期使旅客在其不同品牌定位下，能體驗在地文化特色。

(二)餐旅建築設計與內部裝潢須有創意特色

餐旅硬體設施與內部裝潢設計，無論在外表造形或內部設施設備，均應與在地人文環境或自然環境相結合，並將地方文化特色予以融入其中，期使旅客能體驗到在地文化，進而創造獨特的休閒體驗。例如：日月潭附近的渡假旅館在規劃設計時，須考慮當地原住民文化予以整合匯入其軟硬體服務中，使顧客進飯店如在逛藝廊或文物館，期以創造獨特旅客經驗。

(三)餐旅服務品質，須能確保一致性水準服務

餐旅企業產品定位須明確，無論是採高價位的頂級服務或平價的餐旅產品服

務，均須依其「定位」來提供一致性的優質服務。例如：定位爲平價旅館者，業者不必花太多資金來裝潢設計旅館客房，唯需提供乾淨、優雅、安全的客房，以及親切熱忱、具人情味的接待服務即可；旅館若採高檔的頂級價位定位，則其軟硬體均須能提供一致性高水準的優質服務，尤其是無論內外場服務傳遞系統，均須確保一致性水準的服務（**圖7-13**）。因此須加強人力培訓，重視員工服務意識之培養，使其具備良好的人文素養及服務理念。

(四)品牌行銷管道多元化，力求創意行銷

餐旅品牌行銷須力求富創意，可分別自下列管道來行銷：

◆媒體廣告

儘量以能彰顯企業品牌文化內涵的創意手法，運用最能貼近消費者之廣告媒體來做形象廣告，如報紙、電視、電視購物台、電子看板或鬧區商圈之電視牆等。

◆產品通路

經由餐旅企業相關的產品通路共同來行銷品牌。餐旅企業可經由其代理商、經銷商、加盟店或直營店等共同來行銷產品品牌。

圖7-13　頂級價位的旅館需有高水準的一致性服務

◆名人見證

全球著名的旅館如杜拜帆船飯店、台北圓山飯店、晶華酒店等，均曾經接待過國外來訪的元首、政治、名人以及社會名流，因而提升旅館品牌形象。上述名人在其所下榻的旅館內均留有其簽名、照片或其他紀念性物件，此類名人見證對旅館品牌之建立，具有相當大的宏效。

◆口碑行銷

餐旅顧客的休閒、住宿、膳食或遊憩體驗，將會口耳相傳，進而影響其周遭的親朋好友，其影響力甚鉅。良好的口碑行銷為餐旅品牌行銷方法中最為有效的方式，其影響層面也最大（圖7-14）。

圖7-14　完善的餐旅設施服務為最佳口碑行銷

◆舉辦公益活動或國際會議

觀光餐旅企業可主動參與或經辦社會公益議題的大型活動，如慈善、環保等活動，以及爭取著名國際性會議場地之辦理，期以經由所參與之活動，得以經由公共報導來增加品牌曝光率，進而在消費大眾心中留下良好的品牌形象。

專論

多品牌經營成功的關鍵

觀光餐旅企業為求有效提升企業在市場的知名度與競爭力，唯有先自創品牌，擁有自己的名號並打響拭亮，始能為企業開啓嶄新契機，帶來意想不到的品牌權益等附加價值。品牌的命名與設計，須符合產品在市場上的定位及產品特色。至於多品牌經營的餐旅企業，如王品集團旗下擁有王品台塑牛排、西堤牛排及陶板屋等多種個別品牌，其產品屬性及定位均不同，有利於發展不同市場區隔的目標消費市場，茲就王品餐飲王國多品牌經營成功的七大關鍵說明如下：

(一)各品牌擁有個別的菜單

王品沒有總主廚，各品牌有自己的菜單研發團隊，來設計研發符合其目標市場需求的菜色及口味，各品牌有各自的產品特色而不會重複。

(二)各品牌擁有各自裝潢設計風格

王品沒有總設計師，各品牌均獨自依其定位風格來聘請專屬餐廳設計師規劃，而非像其他業者大多出自同一設計師團隊。

(三)各品牌擁有各自的廚房

王品沒有設置中央廚房，因此，旗下各品牌均擁有專屬的廚房及製備流程，所以各品牌的菜餚口味及盤飾呈現方式也具差異性特色。

(四)各品牌擁有各自的餐具

王品集團各品牌的餐具類別、款式或材質等均不同，因此各品牌的餐具不能相互挪用，期以形塑其獨特的風格特色。

(五)各品牌擁有各自的背景音樂

為營造各品牌實體環境的進餐氛圍，王品集團旗下各品牌所挑選的音樂，其韻律節奏均有各自的風味，以符合餐廳定位。

(六)各品牌擁有各自的制服

為營造各品牌的個別營運特色，王品集團旗下各品牌的制服及服裝設計師也均不同。

(七)各品牌擁有各自的行銷活動

王品集團旗下各品牌所推展的公益活動也不同，如西堤牛排採捐血活動，陶板屋採捐書活動。

第三節　觀光餐旅價格策略

觀光餐旅產品價格，爲餐旅行銷組合當中最具彈性的一種要素。業者可先自行預期其產品利潤，再據以研擬定價或配合特殊促銷活動來調整定價。唯餐旅業者在產品定價上，不僅須考慮其內外部環境之影響因素，更要顧及消費者之知覺並滿足其需求，本單元將分別就餐旅產品價格的意義、定價的方法以及定價策略之運用，逐加介紹。

一、觀光餐旅產品價格的意義

所謂「價格」，係指觀光餐旅消費者爲取得其所需的觀光餐旅產品而必須支付的金額。該項產品的價格必須能使餐旅消費者樂於接受，此餐旅產品的銷售始能成立。假設餐旅消費者對於購買該項產品所須支付的金額，感覺到沒有多少價值或不等值時，就會產生所謂的「知覺風險」，則此「產品價格」將失去其意義，也無價值可言。

餐旅產品定價是餐旅行銷組合4P之一，也是影響消費者選購某項餐旅產品的主要因素（**圖7-15**）。因爲消費者經常會藉由「產品價格」來進行產品的選擇，甚

圖7-15　餐旅產品價格策略會影響消費者選購決策

至會將價格與價值予以串聯在一起，而形成其知覺價值。因此有部分消費者願意支付一定的價錢來購買其個人知覺爲高價值的產品或服務。

消費者心目中的價值觀，認爲價值係由其所支付的價格而獲得的品質或產品效益。因此，餐旅產品的定價務必要考量其目標市場消費者的需求與期望價值。事實上，低價位策略並不一定能受到市場消費者的青睞，有時可能會適得其反。例如：有些達官富豪藉以彰顯其社經地位的帆船飯店，若也採用低價策略來吸引客人，此時很難以想像今後那些仕紳名流是否還會樂意前往進住。反之，若其價位愈高，在市場上可能會賣得愈好，因爲價格往往是彰顯產品的品質與價值之最佳表徵，唯須以符合客源市場之需求爲前提。

綜上所述，餐旅產品的價格爲餐旅企業在市場營運的工具，也是一種面對市場競爭最有彈性的利器，它可向目標消費群傳達產品的品質或特性等重要資訊。此外，餐旅產品的價格與銷售量間之關係密不可分。因此產品的定價須能彰顯其產品價值，且爲目標市場消費者所能接受始具意義。

二、影響觀光餐旅產品定價的因素

影響觀光餐旅產品定價的因素，主要來自於餐旅企業組織的目標、產品成本、行銷組合以及外部環境因素之影響，玆說明如下：

(一)企業組織目標

餐旅產品的定價係爲協助企業達成其營運目標。由於餐旅組織目標或行銷策略不同，因此所採取的定價策略也不盡相同。例如：

1.當新產品上市，市面尚無同質性產品時，企業爲建立優質產品的形象，通常會採取「高價位策略」，期以吸引有消費能力的顧客群來嚐鮮購買。此種以高價位定價策略來榨取市場的定價模式，稱之爲「市場吸脂定價」。

2.當企業組織目標是爲提高銷售量或擴大市場產品占有率，以達到控制市場和維持利潤目標時，其所採用的定價爲「低價位策略」，期以搶奪市場占有率之領導地位，此類定價模式，稱之爲「市場滲透定價」。

3.當企業營運目標係爲維持企業的存續與正常營運時，則往往會以成本價或超低價位，作爲其定價策略，以確保企業在景氣低迷、消費需求下降及產品過

剩之惡劣環境下得以永續發展。例如：觀光餐旅業者在淡季時，會採用低價方式來促銷餐旅產品即是例（**圖7-16**）。

(二)餐旅產品成本

餐旅產品的價格，通常須考量生產該項產品的總成本及單位成本，然後再加上業者預訂的投資成本報酬率，作爲產品的定價，以確保其營運的利潤。目前餐旅業者爲求降低單位成本，並維持產品品質不變，不斷在追求有效成本控制方法，如目標成本法即爲業者所常用的一種有效的方法。

(三)企業行銷組合策略

定價爲餐旅行銷組合要素之一，因此產品的定價策略會受到其他要素之影響，也必須配合其他要素，如產品、推廣、促銷及通路，因而餐旅行銷組合其他要素對於定價均有一定程度的影響。

(四)餐旅市場消費者的需求與認知

餐旅產品的價格與市場需求量，在正常情況下係呈負相關，即價格愈高，需求量愈低；反之，當價格降低時，需求量則會提高。此外，消費者對於產品品質或

圖7-16　餐旅業者在淡季時會採低價策略促銷

形象的知覺，也會影響產品的定價策略。例如：當市場消費者覺得價格太貴或不合理時，產品的價格即有降價之壓力；反之，當產品定價太低時，則可能造成消費者懷疑是否品質有瑕疵或有問題。因此餐旅業者在規劃產品定價時，須考量消費市場之需求，以及消費者對該產品的觀感與品質之認知（**圖7-17**），以利餐旅行銷活動之推展。例如：王品牛排餐飲集團的產品定價，均採市場消費者之認知價格為其定價策略。

(五)市場競爭環境

餐旅業者在制定產品售價時，尙須考慮所處的市場競爭環境。如果所面對的競爭者少或僅是少數幾家，如獨占或寡占市場，此時業者通常會採較高價格或有利的定價方式；反之，當業者所面對的競爭環境相當激烈，如完全競爭市場，此時其產品的價格將會採低價位方式來吸引消費者。至於高價位的產品則須定位在優質的品牌形象上，始能吸引品質或品牌愛用者之注意力。

(六)其他因素

影響餐旅產品價格的因素除上述原因之外，其他影響因素如通路、政府與法令等，也會影響價格之變動。例如：旅客購買機票，在航空公司與旅行社所購買的

圖7-17　餐旅產品定價時須考量產品品質及消費市場需求

價格即有差異，後者往往會較便宜。此外，若政府相關法令改變，也會影響產品價格之異動。

三、餐旅產品定價的方法

餐旅業者在決定產品價格時，其所採用的方法，主要可分爲：成本導向、需求導向以及競爭導向三種定價法。茲說明如下：

(一)成本導向定價法（Cost-Oriented Pricing）

成本導向定價法另稱「成本基礎定價法」。這種定價方式係完全以成本爲考量，以成本作爲產品定價的基礎，爲所有產品定價方法中最爲簡單易行的方法。此方法並不考慮市場上的供需問題。

成本導向定價法的計算方式係在成本外另加上某一定金額，或加上成本的部分百分比（比率），作爲產品的價格。其計算公式如下：

產品價格＝單位成本＋（單位成本×加成百分比）

範例：台北揚智餐廳菲力牛排套餐，每一客的物料成本爲300元，該餐廳預定以60%作爲其銷售毛利。試問：該餐廳每一客菲力牛排的定價應該訂多少錢？

產品價格＝300元＋（300元×60%）
＝480

成本導向定價法除了上述的成本加成法外，尚有損益平衡分析法與目標利潤定價法兩種，而此二者均是以業者預期的銷售量來計算出產品的價格，由於涉及變數及假設較多，因而業界較少採用，茲列目標利潤定價法計算公式供參考。

$$定價=\frac{固定成本+（單位變動成本\times銷售量）+利潤}{銷售量}$$

註：利潤及銷售量均爲預估；單位變動成本係指生產每單位所需之物料成本。

(二)需求導向定價法(Demand-Oriented Pricing)

需求導向定價法另稱「消費者導向定價法」或「認知價值定價法」。係以餐旅市場消費者的需求量或消費者對產品的認知價值來作爲定價基礎的方法。

需求導向定價法是端視消費市場對產品的需求情況來決定產品的定價。當市場需求度高,則可考慮採較高價位定價;反之,若市場需求反應不強,則此產品定價將會採低價位方式爲之。易言之,業者對產品的定價,乃視消費者之需求度以及對產品本身之認知價值而定。此方法是一種顧客導向的定價策略(**圖7-18**),也是時代之潮流。

目前有些餐旅業者不斷講究形象、品牌之包裝,設法改善餐旅服務品質,同時運用各種廣告及系列行銷活動來爭取餐旅市場消費者的認同,以便提升消費大衆對其產品的認知價值。事實上,此作法較之成本利潤定價法更加有效,因爲顧客願意支付一筆價格來購買其認爲有價值效益的產品。例如:某知名旅行業推出上海之旅全程四天三夜,機+酒之自由行,費用爲新台幣16,800元。此時,業者須運用各種文宣廣告及形象包裝,來爭取消費者之認知價值,以利遊程產品之行銷。

(三)競爭導向定價法(Competition-Oriented Pricing)

競爭導向定價法,係以市場競爭者的同類產品價格作爲制定價格的參考,因

圖7-18 旅館同業結盟的產品組合定價為一種顧客導向定價策略

此業者所訂出的價格可能會略高、略低或等同競爭者之價格。此種定價方法，計有下列兩種：

◆追隨業界領袖定價法

此類定價方式的優點為可避免同業間的價格惡性競爭，同時當業者本身營運成本難以估計，或面對市場不確定情境因素時，運用此方法為最上策。所以此方法深受國內觀光餐旅業重視，並普遍採用。

◆投標定價法

投標定價法另稱「競標定價法」，常見於機關團體之採購報價時所使用。例如：公家機關或民間組織擬辦理員工旅遊或學校畢業旅行時，通常會辦理公開招標，請旅遊業者提出活動企劃書及報價參與投標。

此類定價法之報價係以爭取到投標契約為目的，因此其報價的基礎乃在評估預測競爭者可能的價格反應，而非以其營運成本或市場需求來考量。唯報價時，務必考慮本身營運追求之目標及利潤，否則即使爭取到合約也無多大意義。

四、觀光餐旅價格策略

餐旅業者的定價方法，除了前述三種基本定價法之外，有時候為了因應環境變遷及情境狀況，將會運用一些價格調整策略來採取適切的定價措施，茲分述如下：

(一)餐旅新產品定價

餐旅新產品的定價方式，主要有下列兩種：

◆市場吸脂定價（Market-Skimming Pricing）

係指餐旅新產品剛研發上市時，由於市場尚無是類同質性之產品，因此業者可定出一個非常高且能被市場接受的價格來賺取高利潤，直到產品需求量下降時，再以降價手法來刺激市場消費者之購買慾。例如：餐廳剛推出的美容瘦身養生餐，或旅遊業的頂級豪華郵輪遊程等，均會採用此定價策略（**圖7-19**），其目的乃以高價位來追求品牌領導地位。

圖7-19　以高價位追求品牌的郵輪假期

◆**市場滲透定價**（Market-Penetration Pricing）

係指餐旅新產品剛上市時，爲求儘速擴大銷售量，並取得市場占有率之領先優勢，而採取薄利多銷的低價格策略。此策略之運用時機有二：其一爲當市場對價格相當敏感，即價格彈性大，以低價策略來吸引市場消費者購買；其二爲以低價來降低單位成本，並達到嚇阻潛在競爭者涉入此市場，其目的乃在提升市場占有率。

(二)產品組合定價

觀光餐旅產品由於具有難以儲存之易逝性，因此餐旅業者通常會在合理的利潤下，將幾種產品組合起來，並予以美化包裝，再搭配較低的價格出售。由於組合產品的售價遠低於單項產品購買的總額，因而能吸引消費者購買。

例如：餐旅業常見的各種「精緻套餐」、航空公司推出的「機＋酒自由行」以及旅行業者的「套裝旅遊」等，均是屬於此類配套式產品組合定價策略之運用。

此外，尚有一種互補性產品組合之定價，由於餐旅產品當中，有部分產品必須或可以與其他產品搭配在一起來使用將更有價值感，上述產品稱之爲互補品或主、副產品。例如：餐廳服務員推薦客人點餐前酒、佐餐酒或餐後酒來搭配其餐食，以增進用餐情趣之體驗；速食業巨人麥當勞，也以加價幾塊錢，即可讓套餐升級或薯條、飲料等副產品升級。

餐飲業者經常運用此方式來促銷，以創造更大的營收效益，同時也能使原有餐飲產品的價格更具彈性。

(三)心理定價

所謂「心理定價」，主要是依據消費者心理與消費者行爲等理論基礎，針對其心理上的認知及行爲反應來擬定其心理感覺爲最適當的價格。目前市面上常見的心理定價方式有下列幾種：

◆奇數定價

此類定價係以某些奇數作爲售價尾數，其目的乃在營造一個較爲便宜的情境，使消費者在購買時之價格知覺感覺到比較便宜，甚至有物超所值之知覺。例如：餐飲業者推出「299吃到飽」、二人套餐999元（**圖7-20**）、溫泉旅館業者推出平日「北投溫泉泡湯加下午茶二人同行999元」等均是例。

◆聲望定價

此類定價係利用高價位之定價策略，使消費者覺得是項產品能彰顯其身分、地位及品味。消費者若欠缺足夠的產品資訊時，往往會以價格高低來判斷該產品之價值。

圖7-20　菜單常見的奇數定價方式

餐旅業者在採取此類聲望定價時，務必要加強其產品服務之品質，並運用媒體廣告或口碑行銷方式來提高其名望與地位。例如：杜拜的帆船飯店號稱全球最頂級的豪華旅館，因此其房價一晚高達上萬美金，少則數千美元。

(四)促銷定價

觀光餐旅產品具有不可儲存之易逝性外，尚有淡旺季極為明顯的季節性，以及營運時段有尖離峰之別。因此餐旅業者為增加營運績效，均會運用各種推廣促銷活動，輔以撼動人們心弦之各種折扣與折讓來刺激消費市場之購買慾。茲摘介如下：

◆現金折扣

所謂「現金折扣」，係指為鼓勵買方或顧客儘快以現金支付貨款而給予的價格折扣。其優點為可提高賣方現金的週轉率，降低庫存保管費用以及收帳費用，並可防範呆帳之損失。

此種現金折扣，通常用於觀光餐旅企業組織之間的購買行為較多。例如：綜合旅行業與甲種旅行業、旅行業與航空公司或旅行業與旅館之間。此外，餐飲業者之間也均會運用此方式來提高其現金週轉率。一般現金折扣約3%～5%之間為多。

◆數量折扣

所謂「數量折扣」，係指為鼓勵買方或顧客能夠大量採購其餐旅產品，而依其採購數量之多寡，分別給予不同的金額折扣或打折優惠。唯業者採取此數量折扣優惠，務須考量原始成本與應有的利潤。易言之，業者所給予的折扣優惠，須低於大量銷售所省下來的成本，才仍有微利可圖，否則宜避免之。目前觀光餐旅業者所採用的數量折扣方式，概有下列兩種：

1. 累積數量折扣：係指消費者在規定的特定期間內所購買的數量、次數或總金額達到某一特定限額時，即能享有優惠或贈品。例如：航空公司的飛行哩程累積（**圖7-21**）、餐飲業的集點或集次卡等促銷活動均是例。
2. 非累積數量折扣：係指顧客在購買消費時即享有優惠折扣或獲贈折價券等優惠措施。例如：旅館業住宿一晚即獲贈下次進住的折價券；餐飲業者推出「四人同行，一人免費」，以及披薩專賣店「買大送小，飲料免費」之促銷均是例。

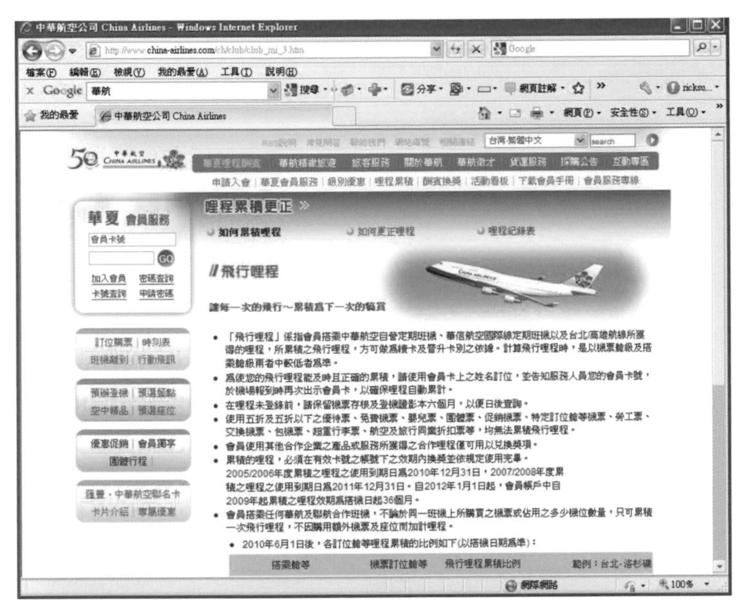

圖7-21　航空公司飛行哩程促銷活動

圖片來源：中華航空公司，http://www.china-airlines.com/

◆季節折扣

所謂「季節折扣」，係指餐旅業者會在某特定之季節（如淡季），對於餐旅產品或服務之購買者給予價格的優惠，期以避免人力、物力等資源之閒置與浪費，並能維持淡季之穩定營運收益。例如：觀光淡季時，無論旅行業、旅館業或航空公司等觀光餐旅業者，均會陸續推出超值優惠的行程、機票或房價。

◆折讓

所謂「折讓」，係一種降低產品售價的價格調整策略。例如：觀光餐旅業者會針對訂有合作契約或參與其業務推廣活動之機構、廠商或有關之餐旅同業，給予產品售價的推廣折讓。例如：旅館房租以優惠價給予會員特約商店，或訂有互惠條款之信用卡公司會員等均是例。

第四節　觀光餐旅通路策略

觀光餐旅產品具有易逝且難以儲存等特性，爲使餐旅產品能迅速銷售給遍布在各地的消費者，務必得仰賴一些中介機構，即中間商，也就是所謂的「通路」來

促銷其產品，以掌握時效，增加營收。本單元將分別就餐旅行銷通路的意義、型態以及通路選定的原則，予以逐加介紹。

一、餐旅行銷通路的意義

餐旅行銷通路提供餐旅消費者能以最迅速、方便而有效率的方式取得其所需之餐旅產品資訊與服務。如果欠缺此通路，餐旅產品將很難以在市場大量快速流通。

(一)餐旅行銷通路的定義

所謂「餐旅行銷通路」，係指將觀光餐旅產業所生產的餐旅產品，克服各種困難阻隔，予以順利移轉至目標市場消費者手中的銷售人員、管道與組織機構，統稱之為餐旅行銷通路。例如：旅遊仲介業、訂房中心或餐旅經銷商等均屬之。易言之，係指介於餐旅產品生產者與消費者之間的配銷中間商而言。

(二)餐旅行銷通路的功能

餐旅行銷通路的功能，有簡化交易時間、調節產品供需之效，茲分述如下：

◆簡化交易程序，降低配銷成本

行銷通路可提升產品配銷之效率，減少通路體系中的交易次數，可減少配銷成本費用之支出。

◆具有調節供需及產品儲存的功能

行銷通路的中間商可縮短餐旅業與消費者間之時間與空間距離，且可分擔部分餐旅產品之儲存與銷售，具有調節供需之作用。

◆具有餐旅產品分類與組合之功能

餐旅行銷通路（如旅行業）可以協助旅館業、餐飲業、航空公司以及交通運輸業等餐旅業者，將其所生產的各項產品，如客房、餐食、機票以及交通工具等予以分類，並加以組合成「套裝遊程」再推出市場銷售給消費者（**圖7-22**）。

◆協助餐旅產品行銷的功能

由於觀光餐旅業者本身行銷資源有限，而消費者分布卻甚廣，且人數眾多，再加上通路商較接近並瞭解市場，所以更能有效執行餐旅業各類產品的銷售工作。

圖7-22　旅行業結合旅館業、鐵路局組成套裝遊程

◆資金融通，分擔風險

行銷通路之中間商可分擔部分行銷費用成本，將可減少餐旅產品生產者在行銷資金之額外投資。此外，整個行銷風險也能由通路中間商來分擔，減少生產者獨自承擔的風險。

餐旅小百科

旅行業的產品——遊程

遊程係指事先規劃好的旅行活動之計畫表，其內含交通工具、膳宿地點、餐食種類、遊覽景點以及領隊服務等。一般遊程可分為兩大類：

1.現成式遊程（Ready-Made Tour）：此類遊程為當今旅行業最重要的主產品，如團體套裝全備遊程、特殊興趣全備遊程以及獎勵旅遊等遊程均是。
2.訂製式遊程（Tailor-Made Tour）：此類遊程產品為依旅客個人需求而量身製作的客製化服務產品，如海外個別遊程（FIT）、商務遊程以及自助旅遊等均屬之。

二、觀光餐旅行銷通路的型態

(一)依通路階層而分

觀光餐旅行銷通路，依通路中間商階層而分，共有下列四種（**圖7-23**）：

◆零階通路

所謂「零階通路」，另稱「直銷通路」，係指無中間代理商或經銷商而言。餐旅業地點方便，旅客便於直接前來，或網路直接訂位、訂票均屬之。

◆一階通路

所謂「一階通路」，另稱「間接通路」，係指餐旅業與消費者間，僅有一家中間旅遊代理商而言。如住宿旅客係透過旅行社或訂房中心安排訂房；旅客直接到便利商店購買高鐵車票及國內機票。

◆二階通路

所謂「二階通路」，係指餐旅業與消費者間，加入餐旅批發商與零售商。例如：航空公司將機票委由某旅行業爲總代理，總代理旅行業再轉售給其他旅行業銷售。

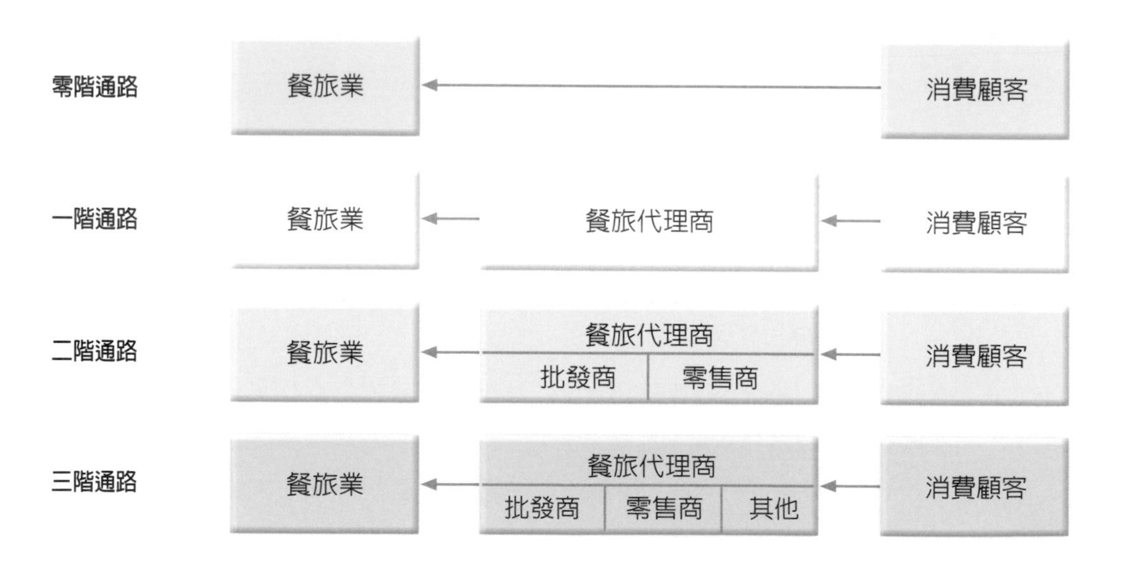

圖7-23　餐旅行銷通路

◆三階通路

所謂「三階通路」，係指餐旅業與消費者間，前後共加入三階層之餐旅代理商，如批發商、零售商、特別通路等而言。此類通路型態在國內較少見，由於其通路太長，對於具時效性、易逝性之餐旅產品較不適合。

(二)依通路結構關係而分

餐旅行銷通路依其結構及通路整合方式之關係而分，有垂直通路、水平通路及混合通路三種。

◆垂直通路

垂直通路依行銷通路有無中間商而分，可分為「直接通路」與「間接通路」兩種。所謂「直接通路」，係指餐旅產品直接由供應商銷售給消費者；「間接通路」是指產品由供應商轉給中間商，然後經由中間商銷售給市場消費者。

間接通路之中間商，其營運所有權有些係由供應商或某集團所擁有，如統一企業與直營的零售商（7-Eleven）間之關係。另外，有一種是以加盟連鎖或契約方式取得代理產品之中間商，如加盟總店與各加盟店間之通路關係。

◆水平通路

所謂「水平通路」，係指通路中同層級之中間商的數量而言。它是指橫向的中間商關係或數量，而非垂直式的上、中、下游關係。

水平通路係由餐旅同業所結合而成的通路合作體系，可經由資源、人力、物力或產品行銷之合作來銷售餐旅產品。例如：觀光餐旅產業間的策略聯盟，或旅行業間之PAK聯合行銷等，均是此水平通路之運用策略。

◆混合通路

所謂「混合通路」，另稱「多重通路」，係指餐旅產品之供應商為加強其產品的銷售量，於是透過多種不同類型的行銷通路，加強對其目標市場之行銷，期以提升其銷售量與市場占有率。例如國內綜合旅行之行銷通路，除了採用垂直通路行銷外，尚經由水平通路的策略聯盟來推廣促銷，如旅行業與航空公司合作之遊程，台灣菁鑽聯盟係由全台知名飯店如高雄國賓等十家飯店與格上租車所組成（**圖7-24**），以及由餐旅業與不同企業共同推出「粉樂購聯合優惠券」，這是一種典型的異業結盟之混合通路。

圖7-24　台灣菁鑽聯盟為一種典型混合通路

圖片來源：台灣菁鑽聯盟，http://www.elitetw.com/

茲將觀光餐旅行銷通路之比較，列表說明如下（**表7-1**）：

表7-1　觀光餐旅行銷通路之比較

通路類型	通路特色	實例說明
垂直通路	1.垂直通路系統，上、中、下游有相互隸屬或直接的關係，因此在管理上較方便且有效率。 2.此類通路若上、下游之間資訊不明確或權益分配不均，則易引起成員間權力上之衝突。	1.餐旅組織總部擁有所屬經銷店之所有權或管理權，易於統一管理。 2.上、下游通路商，如加盟店、特約店，有時會因產品銷售問題而引起糾紛。
水平通路	1.水平通路系統各餐旅組織能透過結盟合作關係，使得產品銷售更有效率，能共創雙贏之局。 2.通路成員由於競爭關係，有時會產生怨尤或衝突。	1.航空公司與旅行業合作，使得航空票務業績蒸蒸日上。 2.通路合作之經銷商有時會向產品供應商私下抱怨，或爭取更優惠之條件。
混合通路	1.能結合垂直與水平通路之優勢，創造最大行銷收益。 2.須投入較多人力來經營此通路系統。	1.目前觀光餐旅業較具規模者，均會採用同業或異業結盟方式來聯合行銷。 2.餐旅產業須專設行銷業務部來負責。

三、餐旅行銷通路規劃與評估

餐旅行銷通路的規劃與評估，須以能符合餐旅組織目標及行銷目標為考量。茲分述如下：

(一)餐旅行銷通路規劃的步驟

餐旅行銷通路的規劃，其先後順序為：

◆步驟1：決定行銷通路的類型

餐旅產品供應商要選擇通路的類型，其最有效的方法為以消費者導向的方式來考量。因為市場消費者的需求會影響行銷通路的類型，唯有能滿足最終購買者需求，且能提供其便利之通路型態始為首選的通路類型，如混合型通路即具有此功能。

◆步驟2：決定通路中間商的數量

餐旅通路系統的中間商數量多寡，會影響供應商與消費者之間的距離。就觀光餐旅業而言，通路系統上的中間商不宜太多，以免影響餐旅產品之服務品質。此外，基於餐旅產品之特性考量，中間商以一至二個為限，最好愈少愈好。如由供應商直接銷售給消費者，不僅速度快，且能與消費者直接互動，將能更瞭解其需求，贏得其信賴感。

◆步驟3：通路中間商的選擇

餐旅產品的供應商為想挑選條件、能力較理想的通路中間商或代理商作為其未來合作的事業夥伴時，務必針對中間商下列條件來評估考量：

1.餐旅市場上的銷售經驗與行銷管理能力（**圖7-25**）。
2.本身財務能力是否健全。
3.在餐旅業中的形象與聲譽。
4.目前所代理的餐旅產品類別。
5.本身所擁有的銷售人力資源多寡。
6.本身所能提供給消費者服務的能力。

圖7-25　選擇餐旅通路商須考量其銷售經驗與行銷能力

◆步驟4：訂定合作契約及獎勵辦法

餐旅供應商爲有效激勵其代理商或中間商能發揮其卓越的行銷能力，可以運用優惠價格批貨給他們，使其有厚利之誘因，同時也可提撥總銷售額之一定比率作爲相關行銷人員的獎金，期以建立長久的良好夥伴關係。至於雙方合作契約之條文，力求簡潔明確，載明雙方的權利與義務，以免日後徒增溝通或互信之困擾。

(二)餐旅行銷通路的評估

餐旅行銷環境瞬息萬變，因此供應商必須隨時注意行銷通路系統之運作是否正常或是否有問題，期以針對問題所在，立即予以修正。茲就餐旅行銷通路評估的原則，說明如下：

◆經濟效益

所謂「經濟效益」，係指通路中間商的銷售能力以及餐旅行銷成本而言（**圖7-26**）。例如：中間商的銷售成長率及其所分配的銷售責任量達成率高，則表示其銷售能力佳。此外，若其行銷成本又低，則表示所創造的利潤較大。假設該通路商銷售能力低，而其行銷成本卻偏高，則此通路商是否須繼續與其建立夥伴關係，則有待商榷。

圖7-26　餐旅行銷通路評估須考量其經濟效益

◆行銷配合度

所謂「行銷配合度」，係指通路商在整個產品代理銷售期間，能否遵照餐旅供應商之合約規定以及行銷規劃來運作；能否接受企業組織之管理與督導。如果該通路商僅一味追求其本身利益，而不能接受供應商合理的規範或領導，則此通路商之企業倫理將是項隱憂。

◆契約內容的適宜性

餐旅供應商與通路商所訂的合作契約條款，其內容力求明確詳盡外，更要考慮適宜性及具彈性。例如：契約條文明訂合作期間爲期三年，但卻無但書，若不適任則可解約。因此，若簽約後發現對方各方面均不如理想卻無法中斷合作關係，以致造成許多不必要的紛爭與衝突。

第五節　觀光餐旅推廣策略

觀光餐旅產業爲使其行銷策略能發揮預期的功能，達到其餐旅行銷最終獲利及永續經營之目標，務必運用餐旅推廣組合爲其利器，否則難以奏效竟功。本節將分別針對餐旅推廣組合的基本概念、架構以及其組合策略，予以詳加介紹。

一、觀光餐旅推廣的基本概念

觀光餐旅推廣工作能否順暢，端視行銷人員是否具備正確推廣理念而定，茲將觀光餐旅推廣的基本概念，分述如下：

(一)觀光餐旅推廣的定義

所謂「推廣」（Promotion），並非僅指狹義的促銷，而是涵蓋促銷在內的所有產品銷售活動在內。易言之，觀光餐旅推廣係指觀光餐旅產品的促銷及其相關的產品銷售活動之統稱。推廣是一種運用銷售人員、廣告、公共報導、公共關係以及促銷等，作為其推廣工具的一種傳播行為活動而非價格競爭活動。

(二)推廣組合與行銷組合的關係

行銷組合為餐旅行銷策略之主要工具，而推廣組合為行銷組合要素之一（**圖7-27**、**圖7-28**）。質言之，推廣為達成行銷任務之工具或手段。

(三)觀光餐旅推廣組合的基本架構

觀光餐旅推廣組合係以銷售人員、廣告、公共報導、公共關係以及促銷等作為工具，由餐旅行銷通路商運用此工具，將餐旅產品資訊或銷售活動訊息傳播給消

圖7-27　推廣與行銷之關係

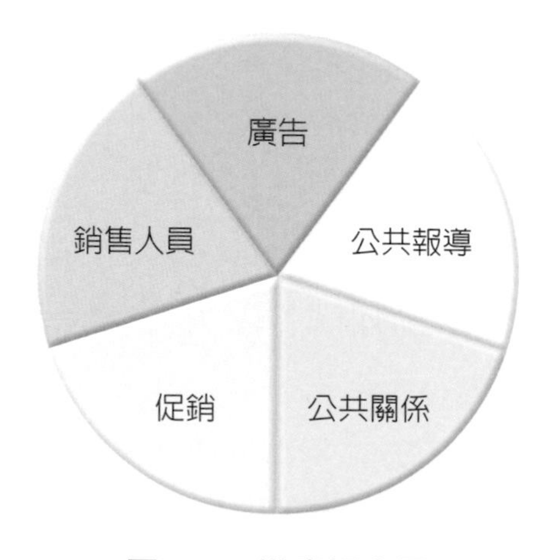

圖7-28　推廣組合圖

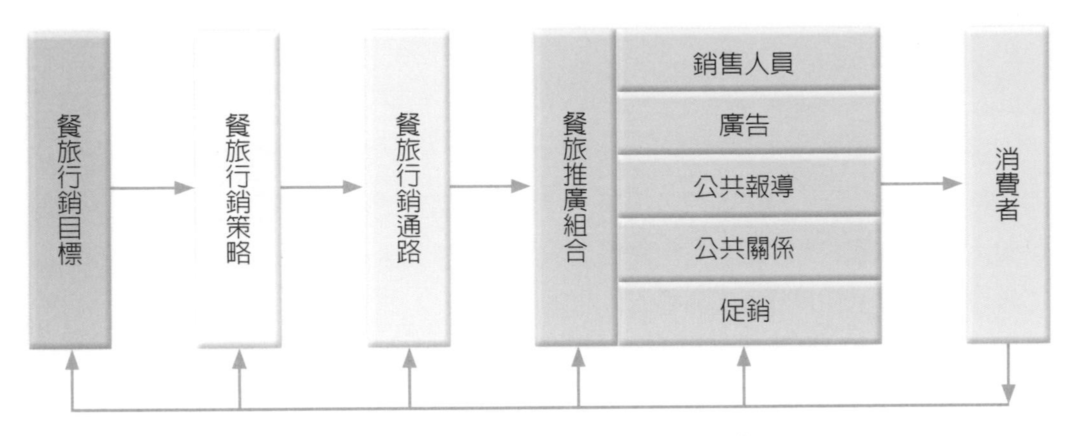

圖7-29　觀光餐旅推廣組合基本架構圖

費市場社會大衆，並加深入瞭解社會大衆對此產品推廣活動的反應，以利推廣組合方式之修正，進而達到推廣行銷之目標。此爲觀光餐旅推廣組合運作的理念，也是其基本運作架構（**圖7-29**）。

二、選擇餐旅推廣工具應考慮的因素

觀光餐旅行銷主管爲使行銷策略能奏功，務須愼選所需之推廣組合工具，其主要考量因素爲：

(一)餐旅企業組織目標與企業規模

餐旅推廣工具之選擇，須以能有效達到企業目標或行銷目標爲考量，並端視企業規模大小及資源多寡來愼選適宜的推廣工具。例如電視廣告效果佳，唯其廣告費用實非小型餐旅業之能力所能負擔。

(二)餐旅市場規模及目標市場消費者特性

餐旅推廣行銷對象不同，其所採用的推廣工具也就有差異。例如：消費者目標市場顧客較爲集中的地區，可以選用人員銷售或辦理各種促銷活動較有效。假設市場涵蓋範圍大，則較適宜選用大衆傳播媒體來廣告，如平面媒體廣告。此外，尙須考慮顧客族群之消費特性與偏好，如北部地區顧客較講究時尙、創意的品味產品廣告；南部地區消費大衆則重視實質效益、物超所值的文宣廣告。

(三)餐旅產品特質及其產品生命週期

通常一般觀光餐旅產品係以廣告方式為主，如文宣或媒體廣告等；精緻豪華而價格較高之產品，如精緻頂級套餐、特殊興趣遊程或豪華郵輪之旅等產品，則均以鎖定特定市場方式，採人員銷售為之。此外，產品生命週期不同，所研擬的推廣工具也不同。在導入期，產品推廣方式均以密集式廣告為主；當產品進入成熟期及衰退期時，則以利用人員銷售及辦理系列促銷活動來促銷。

(四)餐旅產品的價格政策

推廣工具之選擇與產品價格政策有關。一般而言，低價位或平價產品，不宜採用單位成本高的推廣工具，否則不符合經濟效益；反之，若餐旅產品定位係屬於高價位產品，則須以單位成本較高的推廣工具為之，如電視廣告、國際知名媒體廣告，以及在各大都會區以電子牆大螢幕來廣告（圖7-30），期以彰顯此產品的尊貴。

圖7-30　紐約時代廣場電子牆螢幕廣告

(五)市場競爭者的推廣策略

為確保餐旅行銷策略能領先競爭者，進而取得市場競爭之機會與優勢。此時餐旅行銷決策者務必得先設法瞭解競爭對手在市場上的推廣策略，以利出奇制勝。

第六節　現代觀光餐旅行銷組合策略

現代觀光餐旅企業的經營理念，已由昔日講究產品服務品質的承諾、追求顧客滿意度及忠誠度，轉為強調並重視顧客價值。因此，現代餐旅行銷組合策略也逐漸聚焦於創造顧客價值的觀光餐旅服務行銷。茲將現代觀光餐旅企業常見的行銷組合策略，摘介於後：

一、行銷組合4P

行銷組合4P，係在西元1981年由麥肯錫（McCarthy）以企業觀點所提出的行銷策略，認為企業所採取的行銷策略，必須考慮下列要件：

(一)產品（Product）

產品是企業提供給餐旅市場，並滿足其需求或利益的有形或無形之服務。因此，餐旅業者須先經市場調查來瞭解消費者的需求或偏好，並據以研發系列產品組合來滿足顧客需求，而此系列產品即所謂的產品線，產品線的寬度（產品項目多寡）及長度（同一產品線上的商品類別多寡），須符合目標市場行銷的一致性需求。例如：某觀光旅館擁有客房部、餐飲部、健身中心及購物中心等營業產品，即表示其產品線有4條；客房部的客房房型有單人房、雙人房及套房，則表示客房產品的長度為3；至於其營運目標、產品定價或服務品質等，均須符合該觀光旅館的品牌、定位、形象及聲譽，始具一致性水準。

(二)價格（Price）

觀光餐旅產品的定價方法很多，不論是採取哪一種方法，均須考量其成本、競爭者及消費者的認知價值。一般而言，觀光餐旅產品的價格可分一般價格及促銷價格兩大類。

(三)通路（Place）

觀光餐旅業者為了將其產品或服務，能在最適當的時間，及時送交消費者或指定的服務場所，即須仰賴其行銷通路，始能調節產品服務的供需，並簡化交易程序及時間。因此，時下餐旅業者為便於加速服務效率，已逐漸朝「零階通路」（另稱「直銷通路」）發展，如網路訂位或電視購物等均是例。

(四)推廣（Promotion）

所謂推廣是指餐旅企業將公司品牌形象及餐旅產品的訊息，透過廣告、促銷、人員銷售、公共關係及直效行銷（利用非人員當面銷售方式，如郵寄DM）等

推廣工具組合，讓消費者瞭解、喜愛，進而激發其購買慾求（**圖7-31**）。

二、行銷組合5P

行銷組合5P的概念，是由科里爾（Correle）所提出的理念，他認爲：行銷組合若想發揮預期效益，除了產品、價格、通路、推廣外，尚需增列「人員」（People），即實際參與餐旅行銷工作的有關人員，如餐旅企業的第一線服務人員。唯該理念與4P的概念均係以傳統製造業有形實體產品的行銷策略爲主要理念架構，對於重視顧客體驗、講究顧客價值的觀光餐旅業，尚難以達到其預期營運目標。

三、行銷組合8P

行銷組合8P是由柏克（Burke）與雷絲尼克（Resnick）於西元2000年於其著作*Marketing and Selling the Travel Product*中所提出的觀光餐旅產品最新行銷理念。該理念架構係源自顧客行銷導向，並藉由服務行銷來創造顧客價值，營造美好體驗。茲將行銷組合8P的組合策略，說明如下：

圖7-31　觀光餐旅業者利用旅展活動來推廣促銷

(一)產品（Product）

觀光餐旅業所提供的產品內涵，須具實質效益的功能，如旅館客房設施須乾淨、安全、舒適（**圖7-32**）；餐廳能提供美食佳餚及安全衛生的餐飲產品；旅行業能提供信賴保證、完善規劃的遊程產品等服務功能。

(二)價格（Price）

消費者所支付的購買價格及費用成本，須符合消費者的知覺價值。

(三)推廣（Promotion）

觀光餐旅企業可運用各類推廣工具，或舉辦足以吸引消費者對產品或服務注意力感到興趣的活動。例如：參加國際旅展聯合促銷活動。

(四)傳遞過程（Process of Delivery）

係指觀光餐旅業所提供給消費者使用的產品或服務的傳遞流程或作業程序。此傳遞流程須能讓顧客感受到被關懷、受尊重，享有被人服務的尊榮。例如：旅館

圖7-32　客房設施須力求乾淨、安全、衛生及舒適

提供給旅客的服務流程，始自訂房、住宿登記、住宿客房服務、辦理還出之結帳服務，一直到離開旅館爲止，在此系列服務環節中，均須力求一致性的產品服務水準，始能讓顧客對該旅館留下整體的印象。

(五)購買過程（Purchasing Process）

係指消費者購買餐旅產品的行爲及決策過程之思惟模式。例如：消費者在選購餐旅產品時，通常會先確認是否有需求，然後再蒐集產品相關資訊並加評估是否能滿足其需求或期望。因此，現代觀光餐旅業均設法運用各種管道或方法，如媒體廣告、口碑行銷、關係行銷來提升本身產品服務的品牌形象，期以影響消費者的購買決策，消弭顧客對產品服務的風險知覺。

(六)實體環境（Physical Environment）

係指觀光餐旅產品或服務的銷售場地及服務的場景，須能讓顧客產生強烈的情緒感受，如新鮮感、具創意（**圖7-33**）、溫馨高雅、豪華驚豔或浪漫等，進而帶給顧客深刻的體驗。因此，觀光餐旅實體環境的外觀設計、內部裝潢擺設、燈光色彩、格局規劃及動線設計等，均須能突顯其經營理念及風格特色，唯有如此，始能在此競爭激烈的餐旅市場樹立形象，脫穎而出。

圖7-33　觀光餐旅業實體環境擺設須能突顯風格特色

(七)包裝（Packaging）

係指觀光餐旅產品如何將其產品服務，有效的組合包裝成完美的組合套裝產品而言。例如：觀光旅館將其客房服務是否包括餐食，而形成不同的服務產品，如美式計價房租爲房租含三餐；歐式計價的房租並不包含餐食服務之費用。此外，旅行社的全備旅遊產品服務，也是一種典型的包裝組合產品。

(八)參與（Participation）

係指觀光餐旅產品的銷售與服務過程中，除了全體服務人員須備正確服務理念、專精知能，來提供顧客所需並滿足其期望外，更要設法加強員工與顧客間的互動與交流，或讓顧客能親身參與並體驗，始能營造出顧客的知覺價值，感受到產品服務的特色。例如：有些餐廳提供顧客自行烹調或調製咖啡，使顧客能從互動情境中體驗到另一種樂趣。此外，觀光餐旅產品的服務過程中，也必須顧客親自參與，始能體驗出產品服務的價值。因此，觀光餐旅行銷的績效好壞或顧客滿意度的高低，端視餐旅服務人員與顧客的互動關係，以及服務人員與顧客的參與情境良窳而定。

四、行銷組合4C

行銷組合4C的理念，係在西元1999年由科特勒（Kotler）和阿瑪斯壯（Armstrong），以站在顧客服務的立場所提出的行銷組合策略，期以替代麥肯錫的4P，來思考現代服務行銷。行銷組合4C的主要理念架構，是透過溝通、便利、價值等來營造顧客對產品服務的價值感（**圖7-34**），其主要理念如下：

(一)顧客價值（Customer Value）

係指顧客從所花費的金錢價值與所取得的服務品質，此二者間的知覺價值。若顧客所獲得的產品服務或利益的價值，遠超過其所支出的成本費用，則顧客的價值感越高，反之亦然。

(二)顧客成本（Cost to the Customer）

係指顧客爲購買或取得產品服務所需支付的時間、體力、金錢等成本，其中以價值爲最重要的成本考量，此價值須具競爭力始具意義。

圖7-34　餐旅行銷組合須能營造顧客對產品服務的價值感

(三)便利（Convenience）

係指顧客購買產品服務的通路，須提供顧客最大的便利性，如直接通路。

(四)溝通（Communication）

係指觀光餐旅產品的推廣促銷等資訊，應能與顧客作有效的雙向溝通，並能藉雙方良好的互動關係來發展關係行銷，以達雙贏目標。

專論

王品餐飲集團的品牌行銷策略

王品集團在1993年11月，自「王品台塑牛小排」此餐廳創立迄今，如今已成為國內本土連鎖餐旅企業之領導品牌地位，除了全力朝向直營連鎖外，更取得國際ISO9002品保認證，朝向國際化邁進。

王品集團目前在台灣有將近三百家分店，包括王品、西堤、陶板屋、「聚」北海道昆布鍋、藝奇、原燒燒烤、夏慕尼、石二鍋、品田牧場、舒果、曼咖啡、hot7新鐵板料理及ita義塔・創義料理等十三個品牌。王品集團之企業營運理念係以「顧客感動」為服務目標，除了餐食要好吃、服務要講究外，更重視餐飲行銷策略之運用，茲摘介如下：

一、行銷理念

係採取整合性的行銷策略，包括：品牌行銷、創意行銷、關係行銷、服務行銷以及網路行銷等，唯均以顧客為核心，追求顧客滿意度再建立顧客忠誠度為目標。由內部行銷往外部行銷發展，運用顧客意見作為企業追求進步及改善之基礎。

二、行銷組合策略

(一)產品策略

運用市場區隔，再進行產品定位，其旗下主要三大產品品牌分別定位如下：

1.王品牛排：以尊貴服務為產品定位基礎，其產品以台塑牛小排套餐之尊貴服務為訴求，其價位最高。
2.陶板屋：以親切有禮的和風料理為訴求，其產品適合中、高層客層。
3.西堤牛排：以活潑亮麗的產品服務，提供年輕上班族客層或學生為主。
4.藝奇：以時尚具品味卓絕的懷石料理作為品牌特色，並以「寵愛」顧客為服務定位。
5.其他：如品田牧場、石二鍋、hot7新鐵板料理、舒果及曼咖啡，則以符合一般社會大眾為訴求，係屬於平價路線之產品定位。

(二)價格策略

係採需求導向作為定價策略，其作法是依消費者之意見調查，將其綜合價格再打七折作為定價策略，使顧客有一種「物超所值」之感。

(三)通路策略

王品集團主要通路策略為運用其直營連鎖的餐廳為其產品服務之通路。另外，再運用網際網路與網友互動行銷。事實上，其在餐旅市場所建立的品牌形象已成為最佳口碑行銷之客源基礎。

(四)推廣促銷策略

王品集團在推廣組合上，非常重視公共報導、公共關係之運用，如陶板屋發動「知書答禮」萬人捐書到蘭嶼的公益活動；西堤牛排的「迎新送愛心」的社會公益工作等均是例。唯王品集團不以價降促銷或打價格戰方式來提高特殊節慶的價位，反而在特殊節慶加贈應景小禮物給顧客，此項推廣組合策略極受好評。

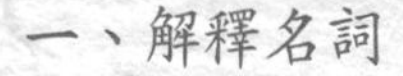

學習評量

一、解釋名詞

1. Core Products
2. PLC
3. Brand
4. Cost-Oriented Pricing
5. Market-Skimming Pricing

二、問答題

1.何謂「觀光餐旅產品」？請針對其構成要素摘述之。

2.觀光餐旅產品有其生命週期，爲確保餐旅企業之永續發展，當發現餐旅產品在市面上已達成熟狀態，此時，你會採取何種有效的行銷策略？爲什麼？

3. 觀光餐旅產品設計的基本原則有哪些？試述之。

4.現代觀光餐旅企業非常重視企業品牌管理，你認爲品牌對餐旅企業很重要嗎？試述自己的看法。

5.假設你是新開幕旅館的負責人，請問你將會採取哪些方法來建立旅館在市場上的品牌形象呢？試申述之。

6.觀光餐旅產品定價的方法有哪幾種？你認爲哪一種定價方法爲最好？爲什麼？

7.何謂「產品組合定價」？何謂「奇數定價」？試舉實例說明之。

8.試列舉目前餐旅業常用的促銷定價策略，並說明之。

9.假設你是某綜合旅行社的行銷業務主管，當你在選擇行銷通路之經銷商或代理商時，你會如何來挑選？試申述之。

10.爲使觀光餐旅行銷策略能達到預期的目標，在選擇推廣組合工具時，須考慮哪些因素？試摘述之。

11.觀光餐旅行銷組合與推廣組合，此兩者之間有何相互關係？你知道嗎？

12.觀光餐旅行銷組合策略有哪些？你認爲其中哪一種較好？爲什麼？

Chapter 8

觀光餐旅推廣組合策略之運用

單元學習目標

◆瞭解觀光餐旅廣告的主要目的

◆瞭解餐旅廣告策略規劃的程序

◆瞭解餐旅廣告預算編製的方式

◆瞭解廣告媒體的特性

◆瞭解觀光餐旅促銷的類別及手段

◆瞭解餐旅人員銷售作業的步驟

◆瞭解觀光餐旅公共關係策略運用之方法

◆培養觀光餐旅推廣行銷之基本能力

觀光餐旅產業爲使其行銷策略能順利進展，並達到預期目標，通常會考量行銷性質爲大衆行銷或焦點目標行銷，然後再針對消費者喜愛追求最新、追求時尚、喜歡與衆不同的心理，來愼選所需行銷的武器——行銷推廣組合。

第一節　觀光餐旅廣告策略

廣告爲餐旅業推廣組合當中，極爲重要的推廣工具，能提升餐旅企業及其產品的知名度，並能塑造美好的形象，進而吸引及促使社會大衆消費。

一、觀光餐旅廣告的意義

所謂「觀光餐旅廣告」，係指餐旅業者依其廣告目標編列預算並出資，在廣告傳播媒體上，以語言、文字、圖畫或影像等方式，經由媒體傳播功能來和目標消費大衆進行資訊和理念的傳遞與溝通，告知「消費者我們正在改變、我們已經改變、我們是……」，期以增加產品在市場的曝光率，增進消費大衆對該企業或產品之認識與好感，進而強化市場消費者購買該產品之意念，此爲餐旅廣告之意義與內涵。

二、餐旅廣告的種類

依餐旅推廣訴求之目標而分，廣告可分爲「餐旅機構廣告」與「餐旅產品廣告」兩大類，茲簡述如下：

(一)餐旅機構廣告

此類廣告的主要目的乃在宣揚餐旅企業組織的經營理念、提供企業組織的資訊，或表達企業對某特殊事件的觀點或意見，期以提升組織形象，或扭轉社會大衆的認知，如交通部觀光局在德國法蘭克福機場宣傳台灣的廣告看板（**圖8-1**）。

圖8-1　德國法蘭克福機場的台灣行銷廣告

餐旅小百科

台灣觀光形象標誌

「T」象徵台灣屋簷下，台灣是一個溫暖的家；「A」代表一位主人，熱情迎接每位來台的觀光客；「i」是外來的旅客，受到主人的招呼款待，「W」則是兩人高興的握手言歡；「A」和「N」則是主人與客人一起坐著喝茶、聊天，彷彿正在說台灣歡迎您來！

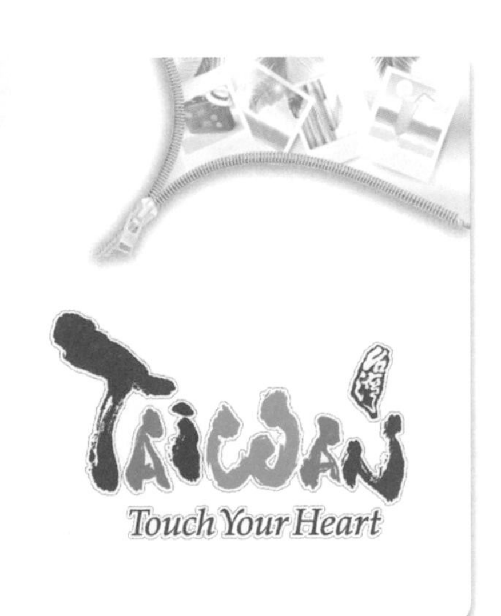

(二)餐旅產品廣告

此類廣告的主要目的乃在推廣新產品，並告知消費大眾該產品的特性與用途，期以增進消費者對此產品或品牌的好感，進而刺激消費者之購買慾，以達餐旅行銷之終極目標。此外，產品廣告也有提醒消費者之功能，如老字號的產品廣告即在提醒消費者「別忘了我」。

三、餐旅廣告策略規劃的程序

餐旅廣告策略之規劃程序，係依餐旅企業組織之行銷策略來擬定推廣目標及廣告目標，然後再依據廣告目標編列廣告預算，並選定適當媒體及製作廣告稿，依預定時程正式推出，最後再進行廣告效益評估及修正（**圖8-2**）。

四、餐旅廣告預算經費編製

餐旅企業爲有效執行其推廣活動，通常在年度行銷計畫中均會事先編列廣告預算，其經費預算常見的編列方式計有下列幾種：

1.依年度總銷售額的一定比率來提撥作爲推廣組合之廣告預算。
2.依年度行銷計畫所擬定的廣告計畫內容及廣告目標來編列概算。
3.依餐旅企業財務狀況來編列廣告預算。
4.依市場行銷環境及競爭者之廣告策略而彈性編列。

五、廣告媒體的選擇

餐旅企業爲達有效的廣告效果，除了廣告稿之製作要力求完美、感性、理性，以及符合道德規範之契合訴求外，更需有適當媒體來搭配，否則廣告效果將難以發揮。唯大衆媒體的特性不同，並非任何大衆媒體均適合所有觀光餐旅產品廣告，也不是所有的媒體均能適合各類餐旅目標市場。因此，如何在有限的預算下來選擇妥適的廣告媒體，委實不能等閒視之。

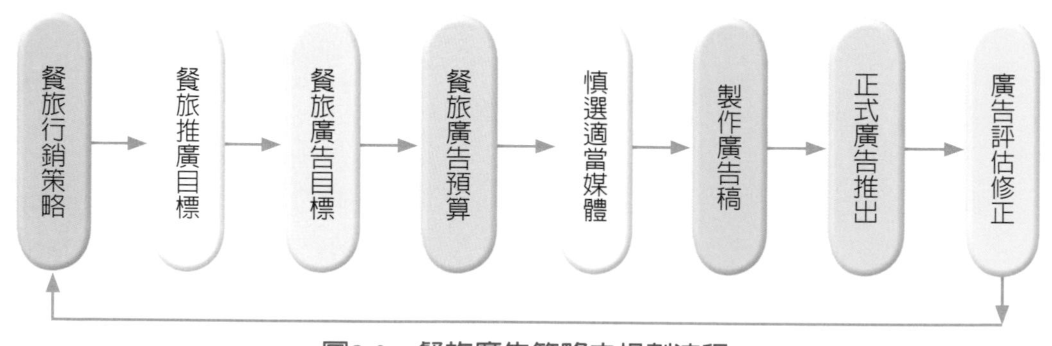

圖8-2　餐旅廣告策略之規劃流程

關於廣告媒體的選擇，務必先得瞭解目前市面上所有的大衆傳播媒體之類型及其特性，始能據以作爲媒體選擇之藍圖。茲就一般大衆傳播媒體的特性摘介如下：

1.經費方面：以電視爲最昂貴，其次是網路、報紙，雜誌與廣播較便宜。

2.時效方面：以網路最好，其次爲電視、廣播，報紙再次之，至於雜誌因定期出刊時效最差。

3.資訊量方面：以網路、雜誌廣告的訊息爲最多，其次爲報紙，有線電視次之，至於無線電視與廣播最差，因每次廣告均以秒數來計價收費。

4.市場區隔方面：以網路、有線電視與雜誌最佳，擁有獨特的消費市場，其次爲廣播，報紙次之，至於無線電視則較差，因爲它是全國甚至國際上之視訊傳播方式，難以僅針對某目標市場爲之。

5.資訊到達率方面：以網路、電視、網路與報紙爲最高，至於雜誌和廣播則較次之（**圖8-3**）。

6.資訊保存性方面：以雜誌、網路爲最優，其次是報紙，無線與有線電視均再次之，而以廣播在資訊保存功能上爲最差。

綜上所述，餐旅企業可以依據本身廣告目標與經費預算，再考量各相關媒體之特性，予以作合理的組合搭配，期以最小的費用獲得最大的廣告效果。此外，目前資訊科技一日千里，網際網路資訊之傳播愈受青睞，餐旅業者之廣告傳播媒體除了可考量選用上述各大衆傳媒外，對於時下盛行的資訊網路宜多加利用，始能發揮最大廣告推廣之功能。

圖8-3　電視購物台旅遊行銷廣告

餐旅小百科

網路廣告的類型

在這資訊科技一日千里的大時代，網際網路的廣告愈受重視，其形式也多樣化，基本上可分為：

1.招牌式廣告：為網路上最多且常見的形式。此類媒體站廣告，通常可連結到廣告主自己的網站。

2.擴張式招牌廣告：此類廣告的版面，可運用滑鼠來加以擴大。

3.固定版面招牌廣告：此類廣告係固定在特定網頁的固定位置的廣告，每次均與網頁同時下載。

4.動態輪替廣告：此類廣告係在特定網頁上，以輪替、動態方式來傳遞廣告資訊，與固定版面廣告性質正好相反。

5.多媒體廣告：此類廣告係一種高頻寬互動模式的動態廣告，具有動畫的效果。

第二節　觀光餐旅促銷策略

觀光餐旅產業淡旺季較之其他產業明顯，再加上餐旅產品本身之易逝性及僵固性，致使餐旅產業不斷研擬有效的系列促銷策略與活動，期以促進其產品的銷售，以增加利潤。唯所有促銷策略務須靈活且能完成促銷，企業始有利潤或收入，否則之前所投入的心血均白費。

一、觀光餐旅促銷的意義

所謂「促銷」（Sales Promotion, SP），另稱銷售推廣或促進銷售，餐旅業界則稱之爲SP。係指餐旅企業爲擴大或增加其行銷通路商的產品銷售量及能力，同時，刺激市場消費者購買其產品服務，因而所採取的系列增強活動，以輔助其他推廣活動之不足，謂之促銷。易言之，促銷乃推廣組合的一項工具，它是指廣告、公

共關係以及人員銷售以外的一種較具彈性的短期推廣活動之方法（**圖8-4**）。

因此促銷的功能，乃在提升觀光產品在市場的銷售量，提高餐旅產品在市場的占有率，以增加餐旅企業之營運收益。

圖8-4　觀光餐旅產業促銷活動廣告

二、觀光餐旅促銷的類別

促銷依據其促銷時間及對象，可分爲下列幾種不同的促銷方式：

(一)依促銷時間而分

◆定期促銷

係指定期舉辦促銷活動或優惠活動，可分爲年度促銷、季節促銷（**圖8-5**）、特定日促銷、特定時間促銷等多種。例如餐廳下午二時至五時的下午茶即爲特定時間的促銷；另外每逢情人節、母親節或特定節慶日促銷辦法等爲特定日之促銷活動。

圖8-5　觀光旅館餐飲部季節促銷廣告

定期促銷除上述時間外，有些餐旅業尚有週間、旬間（每十日為單位）及月間等之促銷活動。

◆不定期促銷

餐旅業者所舉辦的促銷活動，除了按表操作的定期促銷外，有時為因應市場競爭者而擬定的應變反制之促銷活動，如結合上、下游供應商或通路商所辦理的聯合促銷推廣活動，或配合社區活動而舉辦之優惠促銷等均屬之。

(二)依促銷對象而分

◆企業內部促銷

餐旅企業的內部促銷主要是針對行銷業務部以及其他各相關部門；如旅行業的業務部、產品部、觀光部與國民旅遊部；旅館業的行銷業務部、客務部、餐飲部與所屬營業單位。內部促銷的主要目的乃在激勵團隊高昂的士氣，以提升行銷推廣之績效。其所運用的促銷方法，計有推銷研習會、推銷手冊、銷售競賽、績效獎金或獎勵旅遊等。

◆行銷通路經銷商促銷

餐旅供應商對其通路經銷商的促銷活動，其主要的目的乃在運用贈品、購買折讓、免費產品、津貼與獎金、銷售競賽、產品展覽，以及支援經銷商廣告或辦理促銷活動等作為促銷的手段，以激勵通路經銷商強化及其對產品的銷售能力與業績。

◆餐旅消費者促銷

餐旅消費者促銷，其主要目的乃由餐旅供應商或經銷商，運用各種優惠辦法或活動來刺激餐旅消費者之購買慾，鼓勵消費者盡情享受所提供的優惠產品活動，以達產品促銷之推廣目標。

目前觀光餐旅供應商所常用的促銷手段計有：提供免費樣品、試吃、贈品、特價品、抽獎、折價券、現場示範，以及辦理贊助公益活動等多種促銷手法。例如：配合國際旅展、台灣美食展，以及地方民間慶典活動所運用的名廚現場示範烹調技藝（**圖8-6**）、發放贈品、銷售特惠價之海外遊程、餐券或住宿券等均是例。

圖8-6　土耳其地方特產的現場示範

三、觀光餐旅促銷的方法

觀光餐旅供應商爲求達到餐旅產業之推廣促銷目標，雖然促銷對象不同，其所採用的促銷手段也有差異，唯大致上可分爲下列五大類：

(一)以人員爲手段

運用大量的人力來促銷，如推銷員、指導員、顧問、地區推廣幹部以及其他人員。

(二)以利誘爲手段

運用實質的利益來促銷，如績效獎金、工作獎金、獎勵旅遊、折價券、附獎、折扣、折讓、有獎徵答、贈獎、出清存貨、累積飛行哩程或集點等方式。

(三)以道具爲手段

運用各種促銷道具或文宣海報來促銷（**圖8-7**），如傳單、DM、海報、目錄、紀念品、簡訊、推銷函或產品模型陳列等。

圖8-7　Hello Kitty餐廳的文宣海報

(四)以產品爲手段

運用餐旅產品公開展示或開放參觀來增進消費者對產品之正確認知及建立信賴感。如開放餐旅設施供人公開參觀、辦理產品展示會、設置樣品展示屋，或提供免費試吃、試住等招待。例如：國外有些知名旅館將客房商品陳列在旅館接待大廳展示，即是例。

(五)以活動爲手段

運用舉辦各類產品促銷活動來吸引主要目標市場之消費者參與，以達促銷之目的。如每年舉辦的國際旅展與台灣美食展，以及餐旅業辦理社會名流社交聯誼活動、親子活動、講演會、名模走秀、產品發表會、歌友會、捐發票換美食或其他社區公益活動等均屬之。

四、觀光餐旅促銷應注意的事項

觀光餐旅業者爲提升其品牌形象知名度及產品在市場的競爭力和銷售量，均不斷研擬各類促銷策略，唯在規劃產品服務的促銷時，尚須注意下列幾項：

餐旅小百科

集點促銷的魅力

近年來，商場促銷的手法不斷推陳出新，其中以超商的集點最引人注目，幾乎成為全民運動瘋狂集點。不僅消費者個人集點，尚有團體集點及在網路上互換點數，其主要目的乃在搜尋戰利品。由於超商贈品如小丸子、公仔、咖啡或麵點，均能切中消費者需求，因而每次集點活動展開，只要贈品愈夯，其業績也跟著亮眼。

(一)恪遵「職業安全衛生法」及相關法令

觀光餐旅業者在規劃促銷活動時，須遵守「職業安全衛生法」，訂定預防員工遭受身體或精神上不法侵害計畫，以保護員工免於「職場暴力」的傷害。例如：王品原燒為慶祝十週年，推出以民國93年10元硬幣換套餐活動，唯事前規劃不當，致引發民眾不滿而對原燒員工不停謾罵，甚至店長也被咆哮。

(二)善盡企業社會責任

業者不能為了行銷效果而忽略應盡的社會責任。例如：促銷遊戲規則須事先適時告知，將遊戲規則講清楚，避免讓消費者誤解或有受騙之感覺。此外，更不應該將促銷活動成本轉嫁員工、政府及相關人員承擔。

第三節　觀光餐旅人員銷售策略

觀光餐旅產品供應商，為執行其餐旅行銷推廣活動，除了須運用廣告與促銷手段外，尚須經由銷售人員來整合產品資訊，代表餐旅企業與市場消費者溝通以達產品銷售之目的。

一、觀光餐旅人員銷售的意義

所謂「人員銷售」（Personal Selling），是餐旅推廣活動過程中，經由餐旅銷售人員與顧客採面對面的溝通方式，來說服消費者購買餐旅產品的推廣活動手段。

從事餐旅產品銷售的人員其職稱甚多，如業務員、業務代表、業務專員、駐區代表或餐旅行銷工程師等均屬之。銷售人員在餐旅顧客心目當中，係代表著餐旅企業，因此其言行舉止、服務態度以及專業知能等均會影響消費者對公司的形象，甚至影響消費者對餐旅產品的第一印象。由此可見，餐旅銷售人員在整個產品推廣活動中所居的地位及角色是何等重要。

二、餐旅人員銷售的特色

觀光餐旅人員銷售的主要特色，乃因具有下列優點與功能，始能彰顯其在整個餐旅產品推廣組合中的角色與地位，茲摘述如下：

(一)能有效開發並加挖掘潛在市場之客源

餐旅銷售人員在市場不斷地進行訪問或銷售諮詢服務，可彌補廣告及促銷之不足，進而如採礦般可開發更多的潛在客源。

(二)能與顧客建立良好互動關係

餐旅銷售人員大部分是採面對面與顧客接觸的方式來溝通及說服顧客購買慾（**圖8-8**）。因而能讓顧客產生一種信賴感，此類互動行銷最能爭取消費者對產品品牌之好感，進而提升顧客對產品之忠誠度。

(三)能降低並消除餐旅顧客的風險意識

餐旅銷售人員可以隨時針對顧客風險知覺產生的原因，及時予以化解，並能以實物或實例來爭取顧客對產品之信賴，進而消弭其心理風險於無形。

圖8-8 餐旅銷售人員須與顧客建立良好的互動關係

(四)促進銷售，滿足顧客的需求

餐旅銷售人員可以針對顧客需求，隨時調整銷售作業，以滿足顧客需求爲前提而彈性運作。

(五)餐旅人員銷售與廣告促銷是相輔相成

餐旅產品之廣告或促銷，能提高餐旅產品在市場的形象與知名度，有助於業務人員之銷售作業。此外，許多通路經銷商之促銷活動，則有賴現場銷售人員與顧客溝通，並提供及時性的適切個人化、客製化的服務。

三、餐旅人員銷售作業的程序與步驟

爲使餐旅人員銷售工作能發揮最大效益，並能配合餐旅企業整體推廣組合活動之運作，因此對於人員銷售的流程務必要有一套標準作業規範，其程序與步驟摘述如下：

(一)尋找客源，發掘潛在消費者

餐旅人員銷售的第一步驟爲尋找潛在客源，評選並確立目標顧客群，期以避免浪費時間與精力，而能集中焦點推銷。客層來源有來自顧客介紹或自參觀產品展示來賓資料等來發掘。

(二)瞭解潛在顧客，研擬銷售策略

餐旅銷售人員在尚未正式前往拜訪其潛在顧客之前，務必先做好事前準備功課。設法瞭解潛在顧客的基本個人資料、家庭經濟狀況，以及個人消費習慣或偏好等資訊之蒐集與分析，期以決定最妥適的造訪時間、拜訪方式以及溝通的重點事項。

(三)準時正式拜訪，留下良好的第一印象

餐旅人員銷售能否成功，往往就決定在與顧客互動的關鍵時刻，此15秒之黃金時刻能否帶給對方美好的第一印象。因此，餐旅業務人員必須特別注重其儀表、舉止、談吐以及應對的禮節。

(四)以最具說服力的方式來介紹產品特色

銷售人員在介紹產品特色時，除了口頭說明外，尚須配合實物展示、產品示範或書面資料等作爲輔助工具（**圖8-9**）。此外，絕對避免滔滔不絕或口沫橫飛之方式來介紹產品，以免令對方有一種被壓迫之感。同時也無法眞正瞭解顧客之知覺感受與需求，所以「聆聽」有時比口若懸河更重要。

銷售過程中，難免會遭遇顧客之質疑與抗拒，此時業務人員更應本著同理心，更加誠懇去「聆聽」顧客的心聲，並瞭解其風險知覺形成的原因或所擔心的問題癥結所在，再委婉予以設法化解開來。餐旅產品之推銷工作往往無法一蹴可幾，也難以立竿即見影，務必要有耐性與懇摯之心。即使仍無法順利說服對方，仍須以留下良好印象的方式和氣收場。

(五)察言觀色，掌握先機，達成交易目標

餐旅銷售人員必須有良好的機警應變能力。當與顧客互動過程中，發覺顧客頻頻點頭、不斷詢問產品的品質或售後服務等現象時，即表示該顧客對此餐旅產品

圖8-9　介紹旅遊產品特色

具有高度的興趣與需求。此時，銷售人員即應掌握機先，設法運用行銷技巧來促成交易，以防機會稍縱即逝，打鐵要趁熱。例如：再次提起交易條件協調，並額外提供一些特別的誘因，如贈品、折扣或附加價值的產品服務等，期以立即促成是項產品交易任務。

(六)追蹤與產品售後服務

當餐旅產品順利完成交易後，餐旅銷售人員務必確認該產品是否依約如期提供給顧客，以及顧客對該產品服務之滿意度或意見如何等，均須進一步予以追蹤調查，並建立良好的互動關係或口碑，以利日後銷售工作之推展。

四、餐旅人員銷售之規劃管理

餐旅企業爲有效推展其系列產品銷售工作，必須事先研訂一套周詳的業務人員管理計畫或辦法，期以最有效的人力資源來達成所賦予的使命與餐旅銷售目標。茲將餐旅銷售人員之規劃管理步驟依序說明如後：

(一)確立餐旅銷售目標

爲使銷售部門的工作人員有明確的努力目標及方向，期以運用目標管理方式來達成企業所交付的使命。唯此目標之設定須依公司與市場現況來訂定，力求具體、明確及可行。

(二)確立餐旅行銷組織及其人力編制與任務

餐旅行銷部門的組織編制及任務均須明確，權責劃分要清楚，以免銷售人員因任務不清楚，造成日後糾紛而影響團隊工作士氣或破壞組織氣氛（**圖8-10**）。

每位銷售人員所分配的目標銷售額，務須合理。所謂「合理」，係指每位銷售員所分擔的銷售額度，並非輕而易舉即可達到，也不是任其如何努力也無法達成。假設每位銷售員所負責的額度太低，會造成其怠惰懶散；反之，若訂得太高則會打擊銷售人員的信心，使其產生挫折感及無力感。因此，行銷主管在規劃此銷售目標及任務分配時要特別謹慎。

圖8-10　餐旅銷售人員的權責及任務須劃分明確

(三)餐旅行銷人力資源之甄選與任用

餐旅企業所需的銷售人員，可透過多種管道來招募，如經由員工介紹、學校、人力銀行或自行刊登廣告等來招募員工。再依所需銷售人員應備的各種條件，如學歷、工作經驗、專業知能、人格特質（**表8-1**）以及工作態度等來甄選適當的人才。

(四)教育與訓練

餐旅銷售人員的訓練，通常可分為「職前訓練」（Orientation Training）與「在職訓練」（On the Job Training）兩種。前者主要在介紹公司組織、政策、行政作業程序和各種規定；後者在培訓其銷售技巧及實務上的能力。

(五)激勵與溝通

為提高餐旅銷售人員的工作士氣，增進員工間互助合作的團隊意識，須仰賴餐旅行銷主管幹部的領導統御，能否對所屬員工實施有效的激勵及建立良好的溝通管道而定。

實施激勵管理時，須先改善工作環境及工作條件，並能分層負責，逐級授權，實施權變領導方式。此外，進行激勵員工時，尚須注意下列事項：

1.針對員工個別差異，給予所需之不同激勵，如物質或非物質之激勵。

2.激勵須力求公平性、可及性及時效性。如果激勵不能同工同酬，或是無法適時給予員工獎勵，則一旦事過境遷，再來獎勵就無多大意義。

表8-1　人格特質的類型

令人喜歡的特質		令人不喜歡的特質	
·誠實	·忠誠	·說謊	·不老實
·正直	·可信賴	·虛偽	·不可信賴
·同理心	·聰明伶俐	·固執	·庸俗遲鈍
·親切	·可靠	·傲慢	·心術不正
·活潑熱情	·情緒穩定	·孤僻冷漠	·暴戾

(六)評鑑與考核

餐旅行銷主管對其所屬銷售人員的考核或評鑑，須採定期與不定期的方式爲之。一旦發現銷售人員有缺失或異常表現，則應立即予以輔導或糾正。

餐旅銷售人員的評鑑方式，主要有下列幾種：

1.業績評鑑：係針對餐旅銷售人員銷售績效，如銷售總額、責任額度達成率及職務表現等予以評鑑。
2.執業態度評鑑：係指針對餐旅銷售人員在整個銷售活動過程中的工作熱忱、團隊精神、工作倫理以及守法守紀等方面來評鑑（**圖8-11**）。
3.行政能力評鑑：係指針對餐旅銷售人員的行政企劃、領導統御、溝通協調等方面之潛能綜合評鑑。
4.個性評鑑：係指針對餐旅銷售人員的人格特質或個性來實施評鑑，作爲日後工作輪調、晉級或升遷之參考。

圖8-11　銷售活動過程中，餐旅銷售人員的敬業態度為評鑑重點之一

第四節　觀光餐旅公共關係策略

公共關係是系列的活動計畫，也是行銷工具的一種。公共關係的主要對象是社會大衆，因此餐旅企業經常會透過公共關係與社會各階層建立及維繫良好的關係，以利提升餐旅企業在社會上的形象與地位。

一、觀光餐旅公共關係的意義

所謂「公共關係」（Public Relations, PR），係一種綜合性的社會科學，其主要目的乃在促進雙方關係的和諧、協調、理解，進而增進並維繫良好的關係。易言之，公共關係的本質即是以溝通協調方式，本著互信、互諒、互惠及互助的原則來建立個人與個人、組織與個人、社會與個人，以及團體與團體間的良好形象關係。

至於觀光餐旅公共關係，係指觀光餐旅企業組織透過公共關係或公共報導，以社會大衆利益爲出發點、以溝通協調爲方法、以服務社會及企業發展爲目的，所進行的系列活動而言。

二、觀光餐旅公共關係策略之規劃與執行

觀光餐旅公共關係策略之執行，須有一套周延的公共關係計畫，始能順利依序展開。茲將其程序與步驟分述如下：

(一)設定公共關係目標

餐旅企業的公關目標，須依餐旅企業的經營理念與政策、餐旅行銷策略、餐旅推廣組合策略，以及相關觀光餐旅目標等來研訂。

(二)設定公共關係課題

餐旅企業公共關係涉及整個企業對外及對內的各種事務，因此須先研擬較爲重要的事件作爲公關活動的重點訴求課題，以免虛擲人力、物力或模糊焦點。

(三)研擬公共關係計畫

餐旅企業公關活動之執行，須先研擬企業的公關計畫，然後再依此計畫之目的、內容及進行方式來選用適當的公共關係工具，如宣傳影片、新聞報導或特別活動等（**圖8-12**）。

(四)公共關係計畫的執行

餐旅企業依公關計畫正式展開系列的對內與對外之公關活動，期以排除糾紛、增進相互理解，建立友善和諧之人際關係及社會關係。

(五)評估與修正

針對整個公關活動實施予以檢討評估再修訂，以確保餐旅公關策略之順暢，進而提升餐旅企業之形象地位。

三、餐旅公共關係的主要目的

現代觀光餐旅產業非常重視企業組織之公共關係，其主要目的爲：

圖8-12　觀光旅館業藉特別活動來推展公關行銷

(一)建立及維持企業與社會大眾良好關係

觀光餐旅企業所面對的社會大眾，不僅是外部經營環境的政府機構、供應商、經銷商、消費大眾以及壓力團體，尚包括企業組織內部之員工、股東等。為使觀光餐旅企業能永續發展，務必與上述對象建立並維持良好的互動關係。

(二)運用所建立的良好公關，作為推廣行銷工具

餐旅企業可運用所製造的新聞事件，透過大眾媒體之公共報導方式來達到餐旅產品推廣銷售之目的。易言之，公共關係是一種非廣告式的推廣組合工具，為另類的行銷傳播工具，而與廣告有別。

(三)建立餐旅企業的形象標誌，提升良好形象

所謂「形象標誌」（Image Logo），係指餐旅企業運用企業識別系統（Corporate Identity System, CIS）（**圖8-13**），將其經營理念及企業組織文化，透過標準字體或商標來傳遞給社會大眾，並作為餐旅企業組織獨特的識別標誌，期以彰顯其風格，而餐旅公關活動更有助於企業形象之提升。

圖8-13　麥當勞連鎖企業的形象標識

(四)降低危機傷害，化危機爲轉機

觀光餐旅企業經由公關的努力所營造的良好互動和諧關係，能增進社會大眾對企業的信賴與瞭解，並可經由善意的溝通，避免意外事件之發生，也可經由有效的公關，將危機傷害降到最低。

四、餐旅公共關係的範圍及其所運用的工具

餐旅企業公共關係的訴求對象，有內部與外部等不同的對象，因此所運用的公關工具也不同。茲說明如下：

(一)對外公共關係的工具

觀光餐旅企業對外的公共關係，主要對象有消費者、大眾傳播媒體、政府機構、觀光餐旅相關產業以及各類社會團體等。針對上述外部公關所運用的工具，計有下列幾種：

◆新聞報導，公共報導

餐旅企業若想讓社會大眾瞭解其企業理念與產品，最好的方式是運用發布新聞稿或專題訪問等新聞報導之方法，將相關訊息、照片或圖片透過媒體記者來報導。

◆宣傳影片及其他視覺化工具

1. 企業簡介光碟或錄影帶：餐旅企業通常均有書面的企業簡介或文宣品，較具規模及制度化的觀光業者，均會予以製成錄影帶、光碟或影片作爲公關行銷工具。
2. 架設網站：現代資訊科技發達，很多餐旅業均運用網際網路（Internet），並建立首頁網站，使消費大眾能隨時上網瀏覽餐旅企業所張貼之各種資訊，如今已成爲企業最新的視覺化利器（**圖8-14**）。
3. 贈品：餐旅企業經常運用具有企業形象標誌的贈品，作爲公關宣傳品，如鑰匙圈、原子筆（**圖8-15**）、行李袋以及帽子，作爲其正在舉辦的活動宣傳促成物。

圖8-14　易飛網旅遊網站行銷

圖8-15　贈品為餐旅企業的公關工具之一

◆特別活動行銷

所謂「特別活動行銷」，另稱之爲「特別事件行銷」。其目的乃在透過新聞事件的活動來集結人潮，加強消費者的印象並創造潛在銷售機會。例如：國內觀光餐旅業者，經常透過國內外大型旅遊展來展示宣導其本身的餐旅產品（**圖8-16**），或藉支援贊助社會公益活動的機會來行銷企業形象。

圖8-16　旅遊業者運用特別活動行銷

◆座談會、問卷調查以及消費者服務熱線

國內很多觀光餐旅業者運用舉辦各類座談會、問卷調查，以及設置消費者免費服務專線，來瞭解特定目標族群對企業產品服務品質之印象，並予以建檔存參，並加以整合成將來新聞宣傳的訴求主軸。此外，對於消費者熱線之設置，除了能瞭解消費者之態度及其反應外，更能即早解決消費者之疑慮問題或處理其抱怨事項，期以降低企業危機發生機會。

(二)對內公共關係的工具

觀光餐旅企業針對其內部員工及股東等之溝通相當重要，其中以員工的溝通爲最重要。目前較常見的內部公共關係工具，計有企業內部刊物、布告欄、員工意見箱以及電腦內部網路等多種。茲摘介如下：

◆餐旅企業內部刊物

餐旅企業內部刊物爲內部公關最常見的一種溝通工具，此刊物也可供對外公關使用。內部刊物通常均以月刊、季刊方式來定期刊出。

爲使內部刊物發揮公關溝通之效能，其內容宜力求客觀性、多元性及可讀性。除了刊載企業重要政策及最新措施外，宜多鼓勵員工提出具建設性意見之表達，期使此內部刊物具有實質的公關價值。

◆內部公告欄及布告欄

企業組織各部門辦公室或重要公開地點，通常均會在醒目的位置設置布告欄或公告欄，公布重要的訊息或活動。此外，也會公布員工意見箱之資料，期使員工有參與感。

◆電腦內部網路

餐旅企業所有員工在企業內部網路架構下，均可隨時上網，不限時空與其他辦公室員工進行互動交流及意見溝通。此外，尚可經由網際網路之架構，將內外資訊予以連結運用，使得餐旅企業之內部溝通更加便捷。

◆其他非正式的公關活動

餐旅主管可利用與員工餐敘、聯誼活動或其他休閒時間，以口頭交談或聊天方式來進行公關活動，此類非正式的公關活動，其效益往往較之正式公關活動要大。

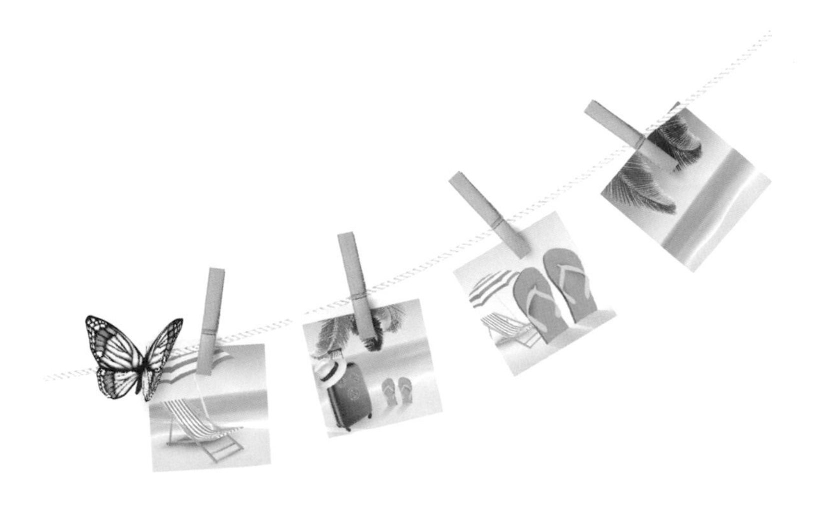

專論

開創21世紀的觀光藍海

國際間景氣低迷，全球觀光業也面臨考驗，為協助國內觀光餐旅產業能在競爭環境中得以逆勢成長，交通部觀光局特別邀請部分業界精英舉辦一場成功的藍海經驗座談，茲摘其要供讀者分享：

一、王金玉（貴賓旅行社總經理）

旅行業須運用本身資源、專長與特色，認真做好接待品質，開發符合市場趨勢的產品，始能確保自己立於不敗之地。只要旅遊產品能符合市場需求，即可吸引客人前來購買。有些旅遊業者將部分接待工作委由其他公司，本身將無法全面掌控品質，因此須以直營來掌握品質。此外，旅遊產品之設計須依國際旅客需求標準，依客層各地不同特性、習性、偏好來量身打造，接待大陸團更要如此，勿將其比照國民旅遊模式來接待。

目前年輕族群市場興起，宜多積極開發符合其需求的各類主題遊程，將各類主題旅遊作為今後產品研發重點。

二、項國棟（凱旋旅行社董事長）

凱旋旅行社成功之道為：「奉行只取一瓢飲、產品物超所值、堅持本業並和時代趨勢並進」。該旅行社創業時，即先做好市場區隔，僅以歐洲線為其遊程產品，以發揮本身之強項專長，後來再將單一歐洲產品線予以再細分為東、西、南、北，以及郵輪等五個區域，加以深入精耕細耘。由於量大且出團量穩定，能獲取航空公司及其他國外餐旅業提供較優惠的價格。此外，也運用網路行銷，主動提供最新旅遊資訊以折價優惠訊息於網站，以主動爭取及開拓客源。

三、武祥生（墾丁凱撒飯店總經理）

凱撒飯店的藍海策略是：「須破格思考主動尋找魚群、讓後場員工走到前場，以及以感動來創造新客源」。

墾丁旅館業淡旺季極明顯，但旅館業不要當一個有魚才捕魚的漁夫，而要改為做一個主動尋找魚群的漁船。因此，該飯店是墾丁地區第一家前往高鐵免費接駁旅

客的飯店。該飯店更積極鼓勵後勤房務阿姨和客人建立互動接觸機會，如可以在客房留下自己的簽名和對客人的問候卡。此外，該飯店更不斷思考客人的需求，甚至包括和小客人建立親切互動關係，如特別為小客人打造小拖鞋、小牙刷等備品；早餐另提供三歲以下的孩童營養粥等貼心服務，期以推廣家庭為主的休閒市場。

四、張龍麟（元帥旅行社董事）

國民旅遊行程之規劃，此遊程產品須善用農、漁村資源，注入本土特色，再引進國際觀光來創新改良，始能找到旅行業在國旅產品之藍海。

元帥旅行社瞭解國人旅遊的「好奇」特性，因此將政府推廣的經典農村，予以作為行程包裝的主題，讓遊客得以體驗農、漁村當地生活文化，並將其轉化為樂活（LOHAS）體驗。例如：馬太鞍的苦花、鴨箱寶、DIY、古坑喝咖啡、海邊牽罟以及澎湖釣花枝等。再與當地船家、飯店等餐旅業者合作，使遊客在不景氣時，也能享受物超所值之優質低價休閒享受。

五、吳明哲（飛牛牧場總經理）

飛牛牧場之藍海策略，主要是善用網路宣傳資源，配合時代休閒潮流，以及創造附加價值。該牧場瞭解旅客消費習慣改變，希望能利用假期紓解壓力，並能與家人共聚營造親子關係。由於該牧場具有接觸大自然及與家人互動之空間優勢，因而一反傳統遊樂區為旅客規劃休閒活動的制式模式，全由遊客主動而自主性去規劃參與園區內的活動行程，使全家大小均能各取所需。

至於推廣行銷方面，除了爭取幼稚園及小學生到飛牛牧場校外教學外，對於青年族群則配合偶像劇拍攝，如「薰衣草」之場景，以吸引年輕族群旅客。此外，更將學者、專家有關飛牛牧場之報導文章貼在網站分享網友。為創造附加價值增加營收，開始積極開發乳製品，並研發具有本牧場文化特色之各相關紀念品，再以平實大眾化的價格來吸引遊客消費購買，期以提供家庭、遊客一個物超所值的休閒假期。

學習評量

一、解釋名詞

1. SP
2. PR
3. Image Logo
4. CIS
5. Personal Selling
6. Orientation Training
7. On the Job Training
8. Internet

二、問答題

1.爲有效執行觀光餐旅廣告活動，你認爲廣告預算經費該如何來編列較好？

2.如果你是行銷主管，在經費有限之情況下，你將會如何來選擇廣告媒體？試述之。

3.觀光餐旅企業爲達到產品推廣促銷目標，通常會運用哪些促銷手段，你知道嗎？

4.觀光餐旅業者爲使其銷售人員的銷售工作發揮最大效益，你認爲該如何來規劃其銷售作業之程序與步驟呢？

5.爲求公開、公平，並能及時激勵餐旅銷售人員的工作士氣，你認爲該如何來進行考核評鑑呢？試摘述之。

6.現代觀光餐旅業均十分重視該企業之公共關係，其原因何在？試申述之。

7.如果你是某觀光旅館的公關經理，請問你會運用哪些有效的措施或活動來作爲對外公關行銷之工具呢？爲什麼？

8.現代觀光餐旅企業除了講究對外公關行銷外，你認爲是否也應重視對內的公共關係？試申述自己的觀點。

Chapter 9

觀光餐旅行銷管理

單元學習目標

- ◆瞭解行銷管理的意義與功能
- ◆瞭解行銷管理的三大步驟
- ◆瞭解STEP分析與五力分析的意義
- ◆瞭解SWOT分析之內涵
- ◆瞭解行銷評估的主要項目
- ◆瞭解行銷評估結果產生正負差之原因
- ◆能培養餐旅行銷計畫製作之能力

自從政府加入世界貿易組織，開放大陸人士來台觀光，並簽署各類經濟貿易關稅協定，開放國內觀光餐旅市場，使得我國觀光餐旅產業必須面對強大國際連鎖旅館集團以及多國籍餐旅企業之競爭壓力。面對此競爭激烈、形勢險峻之經營環境，觀光產業除了須具備優質的軟硬體外，更須重視餐旅行銷管理，始能提升企業在市場上之競爭力。

第一節　觀光餐旅行銷管理的意義

現今社會是個講究行銷的時代，無論是個人或團體、企業組織或政府機構，均逐漸體會到行銷的重要性。唯其所持的目的與觀點並不盡相同，因此對行銷管理所下的定義也有差異。本單元將以觀光餐旅企業的觀點來闡釋行銷管理的意義。

一、行銷管理的定義

所謂「行銷管理」（Marketing Management），係指將管理的機能，如分析、規劃、執行與控制，予以應用在行銷活動，將行銷觀念落實成為一套有系統的行動程序，期使行銷活動更有效益。

行銷管理是企業管理的一環，其理念係以顧客為出發點，經由整體的行銷組合，使顧客的需求得到滿足，同時達到企業獲利的營運目標。易言之，行銷管理係為實現上述理念，達成行銷目標之活動與過程之統稱。

二、觀光餐旅行銷管理的意義

所謂「觀光餐旅行銷」，係指餐旅業者透過餐旅市場環境調查分析，瞭解市場消費者之需求，進而研發產品並設定行銷目標，再選擇目標市場及產品定位，然後規劃設計系列行銷組合來達成上述行銷目標之整個活動過程，謂之觀光餐旅行銷（**圖9-1**）。觀光餐旅企業為確保此冗長繁雜之行銷活動能順利達到餐旅企業經營目標，則須仰賴事前詳盡的規劃，以及確實的執行與控制，此乃觀光餐旅行銷管理之精神與內涵。

圖9-1　觀光餐旅行銷活動即景

易言之，所謂「觀光餐旅行銷管理」（Hospitality Marketing Management），係指為滿足觀光餐旅市場消費者的需求，以及達成觀光餐旅企業組織經營目標，而將管理學的原理與機能運用在觀光餐旅產業行銷營運之一門現代管理科學。

三、觀光餐旅行銷管理的功能

觀光餐旅行銷管理的主要功能乃在確保觀光餐旅產業的行銷理念與企業組織行銷目標能順利達成，其重要性不容等閒視之。茲列舉其要分述如下：

(一)滿足目標市場消費者的需求

觀光餐旅行銷的焦點，最重要的是針對目標市場消費者的需求來提供其所需之餐旅產品與服務，進而以創造顧客滿意來獲取利潤。

(二)滿足觀光行銷相關團體的利益

所謂「相關團體」，係指凡與觀光餐旅企業之行銷活動有關，且涉及其權益者均屬之。例如：公司員工、管理者、上下游原料或產品供應商、代理商、股東、消費大眾、社區民眾，以及政府相關部門或社會民間團體，如環保單位、環保團體、消費者文教基金會等。對於上述團體的利益，在整個行銷活動中均須加以兼顧並滿足其需求。

圖9-2　觀光餐旅業通常以較明確的銷售量或營業額作為行銷目標

(三)達成觀光餐旅企業行銷目標

觀光餐旅行銷目標通常均以較明確之數據來顯示，如產品銷售量、營業額、銷售成長率，以及市場占有率等來作爲行銷目標（**圖9-2**）。此外，尚有一些難以量化的行銷目標。如顧客滿意度以及餐旅企業形象等。

第二節　觀光餐旅行銷管理的步驟

觀光餐旅行銷管理係將觀光產業的行銷理念以及企業組織行銷目標，予以轉化爲具體行動的系列過程，此過程概可分爲：規劃、執行及控制評估三大步驟。

一、行銷規劃

所謂「行銷規劃」（Marketing Planning）是一種爲達到企業組織的行銷目標，透過市場調查、資訊蒐集分析及評估，再整合企業各部門的人力、物力等資源，並重新分配、擬定行銷計畫、發展行銷策略，以對的方法來做對的事情，使其達成企業組織基本目標的一種作業程序或活動。茲將行銷規劃的基本理念及其內容，分述如後：

(一)行銷規劃的基本理念

1.行銷規劃是一種分析性的思考、判斷、評估等的應用過程，它並非魔術箱，也非系列的技術面。
2.行銷規劃並非為預測不可知的未來情境，而是探討今天該做些什麼，始足以為不確定的明天做好周全的準備。
3.行銷規劃並非為消除營運風險，而是要使企業減少或避開不該涉入的風險，進而提升企業行銷之風險意識及增強企業對風險的適應能力。

(二)行銷規劃的步驟及其內容

行銷規劃之步驟及其內容，依序為：

◆分析行銷環境

餐旅企業通常是運用STEP分析與五力分析來探討餐旅企業外在環境當前及潛在的機會與威脅。所謂「STEP分析」，係指社會（Society）、科技（Technology）、經濟（Economy）以及政治（Politics）等環境之分析（**圖9-3**）；「五力分析」係指產業新進入者的威脅能力、替代性商品的威脅能力、購買者的議價能力、供應者的議價能力，以及產業內競爭者的對抗能力而言。

◆分析企業內部組織資源之相對優勢與弱勢

綜合企業組織內部所有的人力、物力資源與外在之競爭者威脅能力或相關議價能力，予以比較分析，期以瞭解企業本身之長、短處。企業內部環境與前述外部行銷環境之分析，簡稱之為市場情境分析，即所謂的「SWOT分析」。

◆設定行銷目標

觀光餐旅行銷目標應力求具體、明確及可行性，訂有明確的數據可以量化或易於評估考核，如每年營業額3,000萬或市場成長率3%等。唯行銷目標有些是較難以量化，如提升企業品牌形象，強化服務品質或增進顧客滿意度等類目標，則較不易量化，但仍須有一套評估衡量標準。

圖9-3　社會經濟會影響企業外在行銷環境

◆選擇目標市場

餐旅企業可運用有效的市場區隔變數，如人口統計、地理等變數來作市場區隔，再從中選擇一個或數個區隔市場作爲將來行銷的目標市場（**圖9-4**）。

◆擬定具體行銷策略與行銷組合

針對所選定的目標市場之特徵或規模，研擬適切的行銷組合及行銷資源配置。常見的行銷組合計有麥肯錫（McCarthy）所提出的4P，即產品（Product）、價格（Price）、通路（Place）及推廣（Promotion）。另有行銷學者科特樂（Kotler）所提的行銷組合6P，係將上述4P另加上權力（Power）與公共關係（Public Relations）等2P，稱之爲大行銷（Mega Marketing）。

至於餐旅服務業常見的服務行銷組合除了前述4P外，另增實體表徵（Physical Evidence）、人員（People）及流程（Process）等3P，稱之爲服務行銷組合7P。

二、行銷執行

行銷規劃所設定的行銷目標與行銷策略僅是一種方案與構思，最重要的是要依行銷規劃結果所擬訂的行銷計畫來確實加以付諸實際行動（有關行銷計畫將在下一節專章討論）。行銷執行（Marketing Execution）階段的重點工作有下列三大項：

圖9-4　摩斯漢堡是以人口統計及地理變數作市場區隔

餐旅小百科

行銷組合

行銷學常見的行銷組合（Marketing Mix），以麥肯錫（McCarthy）的4P、科里爾（Correle）的5P，以及莫里森（Morrison）的8P為最有名，也廣為業界所沿用。

❶4P：產品（Product）、價格（Price）、通路（Place）及推廣（Promotion）。
❷5P：係將上述4P，再加上人員（People），即成5P。
❸8P：係將上述5P，再增加包裝（Package）、活動企劃（Programming）以及夥伴關係（Partnership）。

(一)設置行銷組織

行銷組織爲執行行銷工作的主要單位。其設置原則係根據觀光餐旅業者的行銷目標、策略與資源分配狀況，來規劃所需設置之部門組織及其工作職掌，並規範行銷部門與其他部門間之相互關係與行政支援。例如行銷部與餐飲部、客務部（**圖9-5**）及人力資源部等之相互關係。

(二)人力編制，選才用人

餐旅行銷部門成立後，即需依組織編制員額展開人力之甄選與聘用，期使人盡其才，適才適用，完成所賦予的行銷任務。

(三)群策群力，推展工作

爲發揮行銷計畫之執行效率，須仰賴行銷主管的高倡導、高關懷之領導統御，以及民主的行事風格，始能發揮群策群力之高昂團隊士氣來執行此行銷工作，解決相關問題。

三、行銷控制評估

餐旅行銷管理的最後一個步驟爲行銷控制評估（Marketing Control & Evaluation）。其目的乃在考核評估行銷執行的成果，是否符合原來規劃的行銷目標。因此，當餐旅行銷主管在評估行銷執行成果時，須有一套完善評估考核的依據。並須針對評估所發現的問題，去分析探討其原因。唯有如此，行銷活動評估始具實質的意義與價值。

圖9-5　行銷部須與客務部保持密切關係

(一)行銷評估的主要項目

餐旅企業行銷活動的評估，可依據下列四項分別來進行考評：

1.評估銷售量、銷售成長率，以及市場占有率。上述各項評估之進行，可分別依期間、地區、產品或通路代理商來考核，其中以銷售量爲最重要。
2.評估整個期間之行銷成本。
3.針對行銷業務人員個人工作績效考核。
4.評估顧客的滿意度及對公司的形象。

(二)行銷評估所發現的問題探討

通常行銷主管在發現行銷成果未達預期目標時，會急著去分析原因，尋找問題癥結所在，以設法改善。但當行銷結果超越原訂行銷目標時，除了依慣例獎勵其所屬員工外，甚少再進一步去探討分析或追查原因。事實上，若能深入去分析其原因，則更有實質的意義與價值。茲就行銷結果產生正負差異之可能原因，摘述如下：

◆產生正差的可能原因

1.經濟繁榮，購買力增加。
2.行銷目標訂得偏低。
3.競爭對手內部發生問題，如停業、終止產品上市，因而使得公司得到許多客源生意。
4.爭取到大量訂單的優質顧客。例如：爭取到跨國集團的客源或產品訂單。
5.行銷部門的共同努力，帶動營業額與銷售量之上升（**圖9-6**）。

◆產生負差的可能原因

1.金融風暴、失業率增加、市場購買力下滑，或社會、政治發生動亂，以及產生疫情。
2.行銷目標訂得太高，因而難以達到要求。
3.新競爭或替代性商品大量進入市場。
4.行銷規劃欠完善。

圖9-6　餐旅行銷可提升餐廳銷售量與營業額

5.行銷人員執行能力不足，如新進員工欠缺實務經驗，或欠缺主動積極之工作熱忱。

觀光餐旅企業在進行行銷管理成果評估後，須將所發覺的原因或問題立即回饋到行銷規劃與行銷執行此二階段，立即修正或改進，以提升行銷管理之績效。

 第三節　觀光餐旅行銷計畫

觀光餐旅產業之特性，除了具有一般產業之經濟特性外，更擁有其他產業較不明顯的季節變動性及需求富彈性等特質。因此，爲使觀光產業能在此波濤洶湧、情勢瞬息萬變之競爭市場中能屹立不搖，唯有仰賴一套完備的觀光餐旅行銷計畫，否則難以因應此複雜的觀光餐旅經營環境之變遷。

一、觀光餐旅行銷計畫的意義

觀光餐旅行銷計畫（Hospitality Marketing Plan），是將整個餐旅行銷規劃的理念、思維、方案等概念，予以付諸於有形文字、具體化，因而稱之爲觀光餐旅行銷

計畫，可作為引導觀光餐旅企業組織在現實的企業經營環境中，能以有效率的抉擇與步驟，朝組織發展方向前進，進而達到餐旅行銷目標之一種有效的工具與方法。具體而言，一份完善周圓的餐旅行銷計畫，具有下列的功能：

1.提供餐旅組織正確的發展方向。
2.提供餐旅行銷部門人員正確的資訊及有系統的思惟，能以「快、狠、準」作出有效的行銷策略反應。
3.提供餐旅企業有效的整合與分配所需行銷資源，以利強化行銷，避免資源浪費。
4.提供餐旅企業系列行銷控制評估之標準與方法，裨益於企業營運績效與服務品質之提升。

二、觀光餐旅行銷計畫的種類

觀光餐旅行銷計畫僅是一個概括性名詞，由於觀光餐旅企業之營運涉及的領域範圍極廣，因而有不同的各種行銷計畫或子計畫，如廣告計畫、促銷計畫（**圖9-7**）、產品計畫以及其他各種相關計畫等，均是行銷計畫之範疇。

一般而言，觀光餐旅行銷計畫依其時程及功能而分，可分為下列兩大類：

圖9-7　旅行業年度行銷計畫的促銷廣告

(一)策略性行銷計畫（Strategic Marketing Plan）

此類計畫係一種著重於企業組織未來發展的方向及企業在市場上的形象地位，是屬於大方向、長期性的行銷政策考量。此類行銷計畫之時效長達三至五年之久。

策略性行銷計畫的主要內容計有：企業組織的營運宗旨及營運目標、企業組織的品牌形象地位、研擬行銷策略及行動方案之綱領草案、行銷總預算及資源的編列，以及系列的控管評估標準參模等項目。例如觀光餐旅產業每年所擬訂的年度行銷計畫，即屬於此策略性計畫。

(二)戰術性行銷計畫（Tactic Marketing Plan）

此類計畫係針對餐旅市場目前之環境情境因素，爲有效回應市場上短暫之波動而規劃設計的特殊行銷活動方案，其有效時間通常不長，短至數週，長達數月。

戰術性行銷計畫的主要內容有：可衡量的具體數據行銷目標、行銷組合及預算、具體的行銷活動方案，如美食展、國際旅展、產品發表會或折扣等。此外，尙須有完備的監測、控制與評估等配套措施。例如聖誕節、元宵節（**圖9-8**）、情人節或母親節等重要節慶，餐旅業所推出的系列活動促銷計畫、產品計畫以及價格折扣特惠方案等，均屬於此類計畫或所屬之子計畫。

圖9-8　觀光餐旅業配合元宵節所舉辦的台灣燈會來進行推廣促銷活動

專論

85度C咖啡的行銷理念

85度C咖啡蛋糕烘焙店於2003年創設第一家直營店在台北永和。如今，其直營與加盟店在市場占有率已超越其競爭對手統一集團的星巴克，成為本土化咖啡飲品烘焙業複合式餐旅業之龍頭。目前更擴展到美國、中國及澳洲等地，且深受當地消費者之青睞，引起各國餐旅業者之刮目相看。

創辦人吳政學是雲林縣口湖鄉人，本身並無傲人的學歷，唯其有獨特的行銷管理理念，認為：「餐飲產品必須高貴不貴，更要物超所值。徒有平價而無良好的品質，則此事業難以永續經營。」所以85度C咖啡係引進瓜地馬拉安堤瓜火山區之優質咖啡豆，而以一杯35元之平價來銷售；蛋糕則禮聘五星級觀光旅館之烘焙師，製備五星級的糕點美食，卻以一塊蛋糕45元之平價來促銷，使消費者均感到物超所值，高貴不貴。

85度C咖啡之經營理念，係源於平民經濟，以鎖定高品質的平價策略作為其產品定位基礎，同時避開與市場競爭對手（如星巴克與西雅圖等同業）之直接正面衝突。此外，85度C咖啡更以高雅、亮眼、簡潔的外觀來搭配平價的現調咖啡與當場烘焙的麵包蛋糕，更成功地與市場常見的一般平價咖啡飲料店做了完美的市場區隔，也為我國餐旅業創下平價消費，享受高品質服務的餐旅行銷管理典範。

三、觀光餐旅行銷計畫研擬的步驟與內容

觀光餐旅行銷人員應備的專業知能相當多，如溝通協調、餐旅產品專業素養以及規劃企劃能力等均屬之，唯其中以行銷計畫之研擬爲最重要之一項。茲將餐旅行銷計畫研擬之步驟及其主要內容，依序摘述如下：

(一)行銷情況回顧

行銷計畫是企業以目前所處的立場位置來展望未來的成長，因此須先回顧現況及過去的行銷情況。例如：公司內部目前及以往的銷售量、銷售成長率、市場占

有率、目前達成率以及利潤等，均須先加檢討，然後再探討近年來目標市場狀況及顧客滿意度；回顧近年來市場行銷環境之情況，如消費者的消費行爲、購買動機，以及市場競爭者之銷售情況等加以探討。此外，尚須探討餐旅行銷總體環境因素，如政治、經濟、社會、文化和科技等環境因素對行銷所造成的影響。易言之，係以市場環境情境中的內部分析與外部分析的資料，作爲此單元內容撰寫的題材。

(二)未來情況展望

此步驟係針對前述內外部分析所得的資訊，據以研擬出可能的機會及威脅。這些假設性之推論，如果未來市場情境因素發生變化，則須加以訂正，以應行銷環境變遷，使此計畫能具有彈性，並擁有最新的可靠資訊。

(三)目標市場選定

所謂「目標市場」（Target Market），係指餐旅企業的產品服務在市場上主要銷售對象或主要顧客群而言。餐旅業在選擇目標市場時，必須考慮該市場規模、市場購買力、市場占有率以及利潤等問題。

此外，在研擬行銷計畫時，有必要針對本公司的過去、現在的目標市場予以分析，並展望未來的可能目標市場。

(四)行銷目標設定

行銷目標的種類很多，其中以銷售額目標爲最重要。行銷目標所訂的銷售額可作爲考評行銷人員工作表現及行銷績效之工具（**圖9-9**），也可用來作爲評量行銷績效的標準參模。因此，行銷目標之設定，宜力求具體、明確，以便於作爲衡量的標準。

(五)行銷策略擬定

行銷策略係根據前述各項餐旅市場調查與機會分析評估，再考量企業本身之條件與需求，研擬有效消費行銷策略行動方案，如市場區隔、訂價政策彈性化、產品精緻化，以提高市場占有率。

例如：某觀光旅館爲達到住房率90%的行銷目標，其可運用的行銷策略計有增聘行銷業務員、參加各類旅展促銷、爭取大陸來台旅行團、加入同業共同聯合行

圖9-9　行銷績效可作為行銷人員考評的工具

銷、聘請藝人打廣告或另開發網路新市場等。此類策略之撰寫方式以條列式或文章式均可。

(六)執行方案擬定

行銷策略係一種最高指導原則，必須要有確實周詳有效的實際執行方法，始能發揮預期效果。一般執行方案也就是所謂實施辦法、實施細則，例如：活動項目、活動時間、舉辦地點、主辦人員及所需經費等均應含在此方案內。

(七)行銷預算與控制

根據行銷目標、行銷策略、執行方案等項目內容加以編列預算予以管制，以確保行銷計畫依原訂進度與目標來執行。例如：可事先設定各項活動之進度查核點，或每週定期以口頭或書面提出報告，再由行銷主管或查核人員進行實際評估控管作業，以確保行銷目標能如期達成。

(八)參考文獻資料

關於本行銷計畫有關的市場調查問卷、訪視報告、公共報導等具有參考價值者，均可作爲重要參考文獻，一併列入此計畫作爲附錄。

學習評量

一、解釋名詞

1. Marketing Management
2. Strategic Marketing Plan
3. STEP分析
4. 6P
5. Target Market

二、問答題

1.觀光餐旅行銷管理，對於現代觀光產業有何重要性？

2.何謂行銷規劃？試就其規劃理念與規劃內容予以摘述之。

3.觀光餐旅行銷管理的最後步驟爲何者？試針對該步驟之內容重點，摘述之。

4.如果你是觀光旅館行銷業務部經理，當你在進行期中行銷活動成果評估時，發現產生負差現象時，你認爲造成此現象之可能原因有哪些？請想一下。

5.試比較策略性與戰術性行銷計畫的主要差異。

6.假設你是觀光旅館餐飲部經理，請試擬一份下年度的「餐飲行銷計畫」，其內容約A4紙10頁爲原則。

Chapter 10

觀光餐旅行銷未來的展望

單元學習目標

- ◆瞭解21世紀觀光餐旅消費市場之變遷
- ◆瞭解21世紀觀光產品之發展趨勢
- ◆瞭解觀光餐旅產業在經營管理應努力的方向
- ◆瞭解觀光餐旅產業在產品研發之方向
- ◆瞭解觀光餐旅行銷今後應努力的方向
- ◆培養21世紀觀光餐旅行銷之正確理念

觀光餐旅產業為近代最受全球歡迎的熱門服務業，因此享有「21世紀的產業金礦」之美譽。觀光餐旅行銷活動，在此競爭激烈的餐旅市場中，仍將扮演極其重要的角色，不僅是餐旅產業生產的動力，也是21世紀全球觀光餐旅產業發展之藍圖。本章將先剖析觀光餐旅市場未來之發展趨勢，然後再針對此趨勢之變遷來探討觀光餐旅產業今後應努力的方向。

第一節　21世紀觀光餐旅市場的發展趨勢

自從民國68年政府開放國人出國觀光，一直到民國97年7月正式全面開放大陸人士來台觀光，再輔以民國90年實施週休二日辦法，使得整個國內觀光餐旅市場不斷蓬勃發展，也為觀光餐旅產業帶來無限的契機。茲分別就我國觀光餐旅消費市場之需求以及觀光餐旅產業之供給兩方面，來探討此21世紀的觀光餐旅市場之變遷。

一、21世紀觀光餐旅市場需求之變遷

21世紀的觀光餐旅市場，消費者生活品質及教育文化水準大為提升，追求個性化、自由化及具人性化的功能取向觀光旅遊活動，消費人口也呈兩極化發展。茲將此市場之變遷分述如下：

(一)消費者人口呈現兩極化之市場

◆銀髮族市場需求崛起

由於人類平均壽命之增長，老人族群快速成長，其較有時間與經濟能力從事觀光旅遊活動。

◆餐旅族群年輕化

由於教育文化普及，知識水準提升，再加上家庭所得增加，使得觀光餐旅活動的年齡層逐漸下降。此外，年輕商務旅客的旅遊需求也呈現遞增趨勢。例如：國內短期旅遊、自由行、半自助旅行或海外打工及遊學等，均是時下年輕餐旅族群所熱衷的旅遊方式。

(二)觀光餐旅活動朝向功能化發展

爲調劑身心、紓解日常生活工作壓力，使得現代觀光餐旅消費者有一種追求自然，返璞歸眞，沉澱一下緊繃思緒的強烈需求。例如：偏愛田野風光之旅、講究寧靜舒適的餐旅膳宿環境、重視美容養生之藥膳美食，以及各類文化、知性或運動觀光等（**圖10-1**）。當今觀光餐旅消費者較偏愛單一主題的深度旅遊或美食文化饗宴，而較不喜歡昔日走馬看花趕集似的遊程或餐旅活動，偏愛個性化、自由化，以及安全舒適的休閒餐旅活動體驗。

(三)消費者本身權益及環保意識崛起

觀光餐旅消費者除了重視自己的權益是否受到剝削或侵犯等不公平待遇外，也逐漸重視分擔地球村一份子的社會責任。例如：重視餐飲食物哩程（Food Miles）、重視具環保概念之綠建築環保餐廳、環保旅館（Eco-friendly Hotel）或有機食品等。

(四)重視便捷、安全、舒適的新奇餐旅產品服務

觀光餐旅市場消費習性善變，除了講究便捷快速又安全的餐旅產品外，更喜歡具創意特色的新奇產品或服務。例如：寵物餐廳、馬桶餐廳、醫院式餐廳或探險之旅等，均是此類產品服務之特徵。

圖10-1　觀光餐旅活動偏愛田園風光

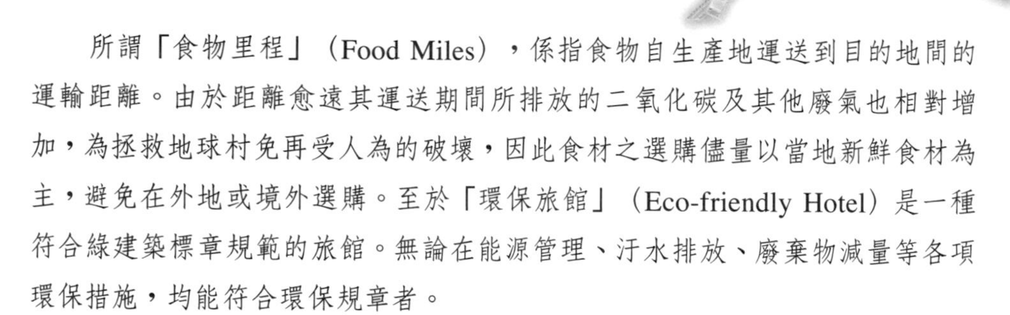

食物里程與環保旅館

所謂「食物里程」(Food Miles),係指食物自生產地運送到目的地間的運輸距離。由於距離愈遠其運送期間所排放的二氧化碳及其他廢氣也相對增加,為拯救地球村免再受人為的破壞,因此食材之選購儘量以當地新鮮食材為主,避免在外地或境外選購。至於「環保旅館」(Eco-friendly Hotel)是一種符合綠建築標章規範的旅館。無論在能源管理、汙水排放、廢棄物減量等各項環保措施,均能符合環保規章者。

(五)餐旅市場消費需求深受資訊科技之影響

際此資訊科技一日千里的網際網路社會,消費者隨時可自智慧型手機或電腦獲取所需餐旅活動之相關資訊,購買觀光餐旅產品服務更加簡便、快速又經濟實惠。此外,由於網路觀光餐旅資訊種類多,內容圖文並茂,讓消費者增加更多選擇機會,同時也降低不少旅遊產品購買之風險。

二、21世紀觀光餐旅產品服務供給之改變

觀光餐旅業者為因應觀光市場消費者需求之變遷,乃不斷針對餐旅市場消費者之偏好與消費習性等趨勢來創新、改良及研發新產品,以滿足餐旅市場消費者之需求,茲摘述如下:

(一)重視消費者最基本的健康與安全需求

現代社會人們的生活品質及生活價值觀不斷提升,尤其是銀髮族消費市場對於健康養生及安全上之需求更加重視。因此,觀光餐旅業所提供的觀光餐旅產品與服務,均以安全、衛生等優質健康生活品質之產品或設施為重點考量。

例如:餐旅建築設施強調防火防震,客房有偵煙感應器、安全門鎖鍊、緊急逃生疏散圖及消防全套設備;餐飲業者除了重視定期消防安檢外,尚強調營養衛生

之養生有機食材（**圖10-2**），以及標榜原汁原料不添加任何食品添加物之精緻健康美食；旅行業者在遊程設計規劃會考量觀光景點公共設施及環境之安全衛生（**圖10-3**）。同時也會事先爲旅客投保責任保險及履約保險，並積極爭取其旅遊產品服務之國際品質認證，以保障消費者的權益。

圖10-2　講究五行的養生有機食材

(二)觀光餐旅產品服務多樣化

觀光餐旅市場消費者之年齡層涉及老、中、青三代，其中尤以銀髮族與年輕族群之成長爲最快，因而使得觀光餐旅產品市場之需求更多元化。觀光餐旅業爲迎合此多元化市場需求，乃不斷推陳出新並加速新產品之改良與研發，使得目前現有觀光餐旅產品種類更加多樣化，期以滿足各類不同區隔市場之消費需求。

圖10-3　遊程安排須考慮觀光景點之安全衛生

例如：餐飲業者所推出的寵物餐廳、主題特色餐廳、異國風味餐、各地美食小吃、中西速食餐點以及各類冰品飲料等；旅館業所推出的精品旅館、設計旅館（**圖10-4**）、汽車旅館、商務旅館、會議旅館，以及各具特色的渡假旅館或民宿等；旅遊業者所展現的各類現成遊程與訂製式遊程服務等均是例。

(三)重視人性化、時效化的優質服務

現代社會是個講究效率、重視個人生活體驗的時代，因此為爭取顧客的支持與肯定，其先決條件乃在能即時提供顧客所需之服務，而不待客人開口即能適時適切滿足其所需。所以察言觀色、反應機敏乃餐旅服務人員不可或缺的能力。因此，現代餐旅業者非常重視優質人力的培訓，期以提供高品質一致性水準的優質服務。唯有優秀的服務人力資源，始能滿足消費者之需求。

(四)積極經營顧客關係，重視常客需求

面對競爭激烈的21世紀餐旅市場，觀光餐旅業者愈來愈重視與顧客關係之經營，尤其是老顧客。因為業者深知重新開發新顧客所需花費的成本為留住老顧客所需成本的五倍。此外，顧客忠誠度之高低將會影響餐旅業之成敗，它是觀光餐旅業極為重要的一項資產。因此，餐旅業者平時非常重視員工與顧客間之互動行銷，並

圖10-4　設計旅館內的客房設施

且設置各類意見調查表或消費者服務免費熱線等措施，來瞭解顧客的意見或需求，並適時提供所需服務或處理顧客之抱怨與不滿之情。

(五)重視網路行銷與網路資訊之整合

爲迎合網路市場消費族群之需求，目前觀光餐旅業者均積極運用自行設置的網站，提供餐旅消費者更多觀光餐旅資訊，如網頁餐旅產品介紹、網路訂房、訂位及設置網路旅行社等措施。

第二節　觀光餐旅行銷未來應努力的方向

爲因應21世紀全球觀光發展的新世紀，目前政府以「觀光拔尖領航方案」作爲發展觀光餐旅產業之觀光政策，期使台灣成爲亞太觀光旅遊的重鎮及東亞觀光交流轉運中心。展望新世紀新願景，今後觀光餐旅行銷應朝下列幾方面來共同努力：

一、觀光餐旅經營管理方面

觀光餐旅企業在經營管理上，必須能建立正確行銷管理理念，培養團隊服務的意識，始能因應多元化新興餐旅市場消費者之需。茲摘述如下：

(一)建立正確觀光餐旅經營理念

觀光餐旅產業經營者的使命，當務之急乃須先建立餐旅企業文化，善待員工並培養其服務意識與服務道德之價値觀，使每位員工均能本著「以客爲尊，以服務顧客爲榮」的服務觀，進而建立「創造顧客滿意度」爲使命的顧客導向服務理念，此乃現代觀光餐旅企業文化精神，也是確保餐旅企業永續經營的不二法門。

(二)重視企業化、國際化、連鎖化之經營管理

現代餐旅企業已逐漸走向多國籍企業之經營管理，跨國餐旅集團不斷運用加盟、連鎖或併購方式來擴大營運版圖，其規模將愈來愈大。例如：台灣晶華酒店於2010年6月向美商Carlson旅館集團收購全球知名飯店品牌麗晶（Regent），創下台

灣本土併購國際旅館品牌之首例，也爲我國觀光發展史寫下輝煌之史頁。如今，全球十七家五星級麗晶酒店及四艘豪華麗晶郵輪品牌之商標及特許權，其授權人即在台灣晶華酒店。

(三)重視人力資源之培訓，視員工爲餐旅業資產

餐旅企業最大的資產爲「人」（**圖10-5**），站在第一線爲客人服務就是員工，如果每位餐旅從業人員均擁有正確的服務意識，以提供顧客卓越服務爲己任；以贏得顧客滿意與掌聲爲榮，則將能爲餐旅業創造出優質的品牌形象。

因此，觀光餐旅業若想要提供顧客優質的個別化服務，則須重視服務管理並加強人力資源之培訓。唯有優秀專精的餐旅人力資源，始能確保一致性水準的服務品質。

(四)善盡企業社會責任，嚴守餐旅行銷道德

所謂「企業社會責任」，係指餐旅企業爲增進對整體社會之長期福祉所應肩負的道德義務而言。例如：觀光餐旅設施、設備以及產品，均須符合相關觀光法令規定外，更要能依法納稅、做好食安及環保、維護勞工及消費者權益，以及熱心參與社會公益活動。

圖10-5　人是餐旅業最大的資產

餐旅小百科

台灣旅館業　黃金期的人力需求

來台觀光旅客人數在民國102年已突破八百萬人次，預計到民國105年可達一千萬人次的目標，讓台灣旅館業進入空前的「黃金期」，引爆人才招募潮。觀光餐旅業徵才，以前是學生主動前來申請應徵，現在是業者早就進駐校園搶才，除了熱愛餐旅科系學生外，更跨外語系搶人。

民國103年除了「超六星級旅館」的台北文華東方酒店、國泰商旅五星級酒店台北慕軒，以及誠品首家精品旅館開幕外，尚有老爺酒店的北投「療癒型酒店」與台南「設計型酒店」即將陸續開張。未來四年內另有462家新旅館即將問世，預估至少尚需招募12,000名新血。旅館業除了使出渾身解數到各校徵才或海內外挖角搶人外，也開始創造「幸福感」來留住人才，如加薪、增加福利或提供海外工作的機會來吸引年輕人。現在是年輕人進入餐旅服務業的最佳契機，未來四十歲以下的總經理將不再是夢。

餐旅行銷道德當中，最重要的是須堅持「誠信原則」。童叟無欺，不惡意攻訐同業，並能時時秉持守法、公平、無愧以及良知等基本倫理道德，作爲觀光餐旅行銷之行事風格。

二、觀光餐旅產品研發方面

現代觀光餐旅產品之研發，務必要考量餐旅市場消費者之需求，唯有符合市場需求之產品，始能吸引客人前來購買；唯有能展現創意特色之產品，始能贏得消費者青睞。茲將餐旅產品研發應努力的方向摘述如下：

(一)重視地方鄉土文化，創新產品特色

觀光餐旅產品之研發，務須融入各地文化特色（**圖10-6**），針對觀光餐旅業所在地之鄉土文化、民情風俗等加以相結合，期使餐旅消費者所購買的餐旅產品，並非僅是單純的商品，而是一種具人情味的幸福感與休閒生活體驗。例如：旅遊景點之規劃

圖10-6　具鄉土文化的觀光餐旅產品

設計、觀光餐旅建築設施及其內部裝潢，以及餐旅服務人員的制服等形象包裝，均應在地化，並能將當地文化特色予以注入觀光餐旅產品與服務內，使此產品具有一股生命力與文化氣息。唯有如此，始能創新餐旅產品及建立獨特的品牌形象。此外，加強文化創意服務產業，以差異化產品特色來創造觀光吸引力，爭取大陸自由行及優質旅行團來台。

餐旅小百科

一鄉鎮一特產

為發展我國觀光產業，加強地方文化創意產品的研發與規劃。目前經濟部中小企業處積極協助輔導全國各地中小企業，針對各地具有歷史性、文化性、獨特性以及唯一性等地方特色產業為藍本，再輔以知識經濟概念，予以包裝為「一鄉鎮一特產」（One Town One Product, OTOP），其內容包括鄉鎮地區特色、名店名產、特色產業達人、美食等。例如：客家桐花祭之創意活動及其琳瑯滿目的創意商品即是例。

(二)觀光餐旅產品須重視環保及生態保育

觀光餐旅產品除了重視乾淨、安全、舒適、健康及文化性、趣味性外，更要講究產品勿過度包裝、減少二氧化碳排放、利用再生能源以及生態保育等綠建築環保意識。例如：旅行業之生態旅遊、文化古蹟之旅；餐飲業之天然食材養生菜單及禁用免洗餐具；旅館業之綠建築環保旅館（**圖10-7**）等均是例。

圖10-7　綠建築標章

(三)觀光餐旅產品力求精緻化、標準化、多元化

觀光餐旅產品服務注重高品質的優質產品與人性化、針對性的個別服務，如管家式服務。新世代觀光餐旅消費者之消費習性已逐漸由「量」之需求，轉向追尋「質」的享受，使得未來餐旅產品的研發漸漸強調趣味性、知識性及變化性，以滿足消費者追求新奇品味之需求。例如：旅行業之遊程設計逐漸朝向短天數、主題化、定點式之深度旅遊。易言之，遊程設計將朝向「短、小、輕、薄」的特性發展，而不再促銷「環遊世界360天」一次玩得夠本之長程遊程或走馬看花似之行程。至於短天數、自由行、半自助、遊學打工等旅行方式，將愈受年輕族群及上班族所喜愛。

此外，爲滿足M型社會多元化之需求，餐旅產品服務走向兩極化，即平價與豪華等產品服務。例如：旅館業近年來不斷推出「平價旅館」與「豪華精品旅館」；餐飲業所推出的「速簡餐廳」與「主題特色美食餐廳」等均是。

三、觀光餐旅行銷方面

21世紀的觀光餐旅行銷已逐漸走向以顧客爲中心的服務行銷、關係行銷、體驗行銷及網路行銷，茲摘述如下：

(一)落實餐旅服務行銷

所謂「餐旅服務行銷」（Hospitality Service Marketing），另稱「關係行銷」（Relationship Marketing），係指觀光餐旅業、餐旅服務提供者（餐旅服務人員）以及顧客等三者間之行銷互動方式，是以互惠關係爲導向，希望與顧客建立良好長期夥伴關係，另稱之爲「服務行銷三角形」（**圖10-8**）。往昔餐旅行銷較偏重外部行銷，甚至忽略了最重要的互動行銷以及內部行銷。茲摘述如下：

◆外部行銷

係指針對餐旅目標市場消費者之行銷，另稱之爲「設定行銷」，爲昔日餐旅行銷之主軸。

◆內部行銷

係指針對餐旅業內部的員工以及顧客等作爲行銷推廣的對象。將內部員工視爲潛在顧客來行銷，另稱之爲「執行承諾」。

◆互動行銷

係指餐旅服務人員以交朋友的心態與顧客所建立之良好互動關係（**圖10-9**），進而提升顧客滿意度和忠誠度之行銷方式，另稱之爲「強化承諾」。根據研究報告，顧客滿意度高低，與顧客和員工間之互動關係呈正相關，即二者間互動愈頻繁，顧客滿意度也愈高。

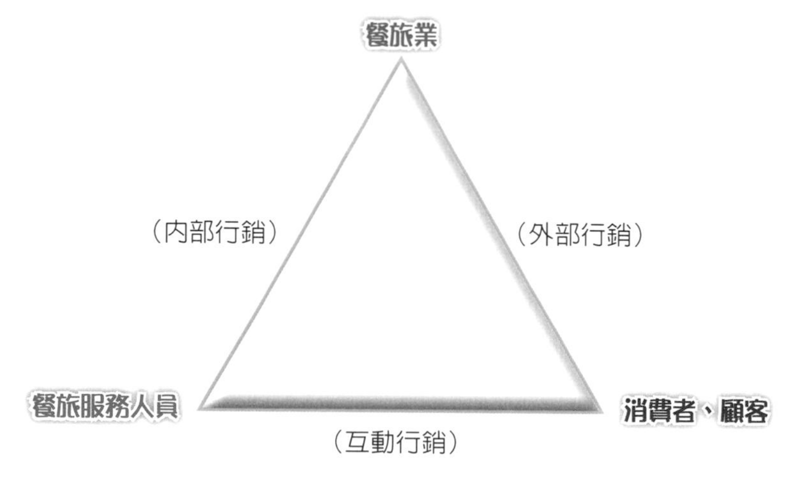

圖10-8　餐旅服務行銷三角形

圖10-9　餐旅人員應以交朋友的心態與顧客建立良好關係

(二)重視顧客導向的體驗行銷

所謂「體驗行銷」（Experience Marketing），係指觀光餐旅企業爲創造顧客的滿意度，使其擁有美好休閒遊憩餐旅體驗，提供超越顧客期望值的產品服務，使顧客的原先認知與當下體驗的內心感受，擁有一段物超所值難以忘懷的美好經驗，進而提升顧客滿意度與忠誠度之一種行銷策略。

例如：美國觀光主題樂園迪士尼與環球影城在1970年代即開始運用體驗行銷，經由事先規劃設計的不同產品與服務，以不同環境或主題予以組合，帶給遊客全方位的刺激體驗即是例（**圖10-10**）。因此，時下觀光餐旅業者務須詳加檢視本身所提供給顧客的產品服務，是否能跟得上餐旅顧客之需求以及期望之變化，否則將很難以創造顧客滿意體驗。

(三)加強餐旅網路行銷

所謂「餐旅網路行銷」（Hospitality Internet Marketing），係指觀光餐旅企業利用網際網路來進行餐旅產品服務之設計、定價、推廣，以及通路配銷等系列行銷活動，以達餐旅行銷目標之一種行銷方式。

圖10-10　迪士尼樂園

網路行銷不僅能提供餐旅消費群豐富的各類觀光餐旅產品最新資訊，網路銷售也不受時空及範圍之限制，且能與消費族群或相關上下游廠商進行快速、便利的雙向溝通及建立良好互動關係，有助於餐旅產品服務之銷售。此外，網路行銷能使小型餐旅業者突破早期因本身行銷資源短缺而無法拓展通路之瓶頸，得以覓得「以小博大，一展身手」之良機。

例如：燦星和易遊網等網路旅行社之運作，不僅讓餐旅業者得以突破實體旅行社人力、物力及財力之設限，更能大量提供消費者各種旅遊套裝產品、訂房、訂票以及觀光餐旅最新資訊等產品服務，不但滿足顧客個別化、客製化之需求，更能提供消費者深具便利的一次購足（One Stop Shopping）（**圖10-11**）的產品服務。

(四)重視市場區隔與市場定位

傳統餐旅產業之產品服務大部分均採量化、大衆化、無區隔化的放諸四海皆準的產品爲主，其產品在市場上的定位也不明確。隨著時代變遷，觀光餐旅消費者自主性愈高，偏好需求也不同。因此，如何配合公司體質及政策，再針對目標市場消費者之需求來加強差異行銷及定位，爲今後觀光餐旅行銷極爲重要的課題。

圖10-11　網路行銷可滿足遊客一次購足之需

圖片來源：燦星旅遊網，http://www.startravel.com.tw/

(五)重視常客方案，獎勵顧客忠誠度

所謂「常客方案」（Frequency Program），係為爭取及留住老顧客，以各種優惠措施如折扣、特別福利、優先訂房、客房升等或保證訂房等措施來獎勵常客，期以提升顧客忠誠度。美國萬豪國際旅館集團所推出的酬賓方案（Marriot Rewards），將該旅館菁英顧客依其一年住宿夜數多寡，分別給予銀卡、金卡、白金卡，並提供各種特別優惠折扣及福利，以爭取該客源市場。此外，餐旅業者也不斷推出累積點數、累積哩程或人數等來吸引客源，均為此常客方案之運用。

(六)加強事件行銷及置入性行銷

置入性行銷（Placement Marketing），是指觀光餐旅產業將其產品、服務或品牌標誌，置入電視、電影情節及日常生活情境中，以增加產品在市場曝光率，進而提升其形象與知名度。此外，餐旅業者也可利用參與或主辦某大型活動的機會，來提升公司及其產品之知名度（**圖10-12**），此類性質的行銷，即為事件行銷（Event Marketing）。

圖10-12　觀光餐旅業者配合黃色小鴨展示活動來進行置入性行銷

(七)重視企業社會行銷

隨著社會變遷，人們對社會環境及大自然生態環境愈來愈重視，到了1980年代消費者意識崛起，環保概念也在台灣生根。因此，今後餐旅企業在制定餐旅營運政策時，除了應考量滿足顧客與賺取合理利潤外，尚須兼顧整體社會及自然生態環境的維護，以利永續發展，例如：長榮航空認養受颱風吹倒的台東金城武樹、麥當勞企業關懷貧苦兒童活動、星巴克的有機咖啡、環保旅館及餐廳崛起、生態旅遊產品受青睞、「飲酒過量有害健康；喝酒不開車，開車不喝酒」的酒商廣告等，均爲現代餐旅企業社會行銷理念的例證或作法。

專論

易飛網Ezfly的行銷理念

易飛網成立於2000年元月，正值台灣電子商務崛起的時代，為台灣地區首創網路訂位購票之網路旅行社。

成立之初係本著誠信原則，提供消費者大量觀光旅遊產品資訊，以透明、快速、價廉且親切的產品服務創新行銷模式，顛覆傳統實體旅遊業之營運型態。易飛網成立之初，當時旅遊業均以招攬國人海外觀光（Outbound）為熱門產品，為避免與同業在海外旅遊市場上的正面直接衝突與惡性競爭，除了繼續堅守其本業網路購票、訂位之服務創新外，並轉向開拓國內國民旅遊市場，配合當時政府發展國民旅遊的觀光政策，發展地方觀光特色。例如：承辦「屏東黑鮪魚文化觀光季」、承銷台鐵「溫泉公主號」及「墾丁之星」等觀光列車之活動，以事件行銷及置入性行銷手法，打響易飛網在觀光旅遊界之知名度，並創下良好的品牌形象。

為不斷創新產品及提供更多元的旅遊資訊來滿足網路族群客層之需求，其產品服務已由國內擴展到國際及全球的套裝旅遊線上訂購服務、護照簽證服務、國際鐵路線上購票，以及同業旅遊平台服務等。此外，為提升其營運績效，除了在產品線力求創新、豐富、多元化外，在行銷通路上，更在大都會區增設實體通路旅行社，並增置擁有千人以上的電話中心，提供消費者直接面對面之互動行銷服務。

綜上所述，今日易飛網之成功首推其誠信之企業理念，使消費者感受到其貼心、用心，以及令人安心之熱忱服務。此外，該旅行社能本著消費者需求之導向來創新服務，並能掌握機先將市場區隔，選定所需目標市場來研擬系列行銷組合，及有效運用事件行銷與置入性行銷，此乃今日易飛網之所以能夠脫穎而出的成功之道。

學習評量

一、解釋名詞

1. Food Miles
2. Event Marketing
3. Relationship Marketing
4. Hospitality Internet Marketing
5. One Town One Product

二、問答題

1.21世紀觀光餐旅消費市場需求之變遷，具有何種特徵？試摘述之。

2.如果你是觀光餐飲業者，當你在研發餐飲產品時，你會如何來考量設計？試申述己見。

3.假設你是觀光餐旅行銷業務經理，你會採取何種措施來經營顧客關係？爲什麼？

4.何謂「觀光拔尖領航方案」？請上交通部觀光局網站查詢相關資訊。

5.你認爲現代觀光餐旅企業爲求永續發展，應當在餐旅經營管理方面如何來努力？試申述之。

6.現代餐旅企業爲求創新產品特色，建立其獨特的品牌形象，你認爲應該如何來著手呢？

7.試述「體驗行銷」以及「網路行銷」之具體作法。

參考書目

一、中文部分

1.黃深勳、曹勝雄、陳建和（2005）。《觀光行銷學》。新北市：國立空中大學。

2.Ronald A. Nykiel原著，黃純德編譯（2008）。《餐旅管理策略》。台北市：桂魯有限公司。

3.黃俊英（2005）。《行銷學的世界》。台北市：天下文化。

4.陳澤義、張宏生（2006）。《服務業行銷》。台北市：華泰。

5.劉修祥（2011）。《觀光導論》。新北市：揚智文化。

6.樓永堅等（2003）。《消費者行為》。新北市：國立空中大學。

7.曾光華（2006）。《行銷管理》。新北市：前程。

8.李力、章蓓蓓（2003）。《服務業行銷管理》。新北市：揚智文化。

9.蘇芳基（2014）。《餐旅概論》。新北市：揚智文化。

10.蘇芳基（2012）。《餐飲管理》。新北市：揚智文化。

11.黃清溎（2008）。《餐旅產業行銷管理》。新北市：新文京。

二、英文部分

1. Armstrong, G. & Kotler, P. (2002). *Marketing: An Introduction* (6e). New York: Prentice-Hall.

2. Kotler, P. & Keller, K. (2006). *Marketing Management* (12e). New York: Prentice-Hall.

3. Morrison, A. (2001). *Hospitality & Travel Marketing* (3e). NY: Delmar.

觀光餐旅行銷

作　　者／蘇芳基
出 版 者／揚智文化事業股份有限公司
發 行 人／葉忠賢
總 編 輯／閻富萍
特約執編／鄭美珠
地　　址／新北市深坑區北深路三段 260 號 8 樓
電　　話／(02)8662-6826
傳　　真／(02)2664-7633
網　　址／http://www.ycrc.com.tw
E-mail／service@ycrc.com.tw
印　　刷／鼎易印刷事業股份有限公司
ISBN／978-986-298-162-7
初版一刷／2011 年 1 月
二版四刷／2018 年 10 月
定　　價／新台幣 380 元

國家圖書館出版品預行編目資料

觀光餐旅行銷 / 蘇芳基著. --二版. --新北
市：揚智文化, 2014.11
面；　公分

ISBN 978-986-298-162-7（平裝）

1.旅遊業管理 2.餐旅管理

489.2　　　　103021980